U0364493

鄂温克草原

马背情缘

齐全◎主编

中央民族大学出版社
China Minzu University Press

图书在版编目（CIP）数据

鄂温克草原马背情缘/齐全主编. —北京：中央民族大学出版社，2017.12
ISBN 978-7-5660-1436-8

Ⅰ. ①鄂… Ⅱ. ①齐… Ⅲ. ①马—文化—鄂温克族自治旗 Ⅳ. ①S821

中国版本图书馆CIP数据核字（2017）第243505号

鄂温克草原马背情缘

主　　编　齐　全
责任编辑　满福玺
责任校对　胡菁瑶
封面设计　吴文杰
出 版 者　中央民族大学出版社
北京市海淀区中关村南大街27号　　邮编：100081
电话：68472815（发行部）　传真：68932751（发行部）
68932218（总编室）　　68932447（办公室）
发 行 者　全国各地新华书店
印 刷 者　北京宏伟双华印刷有限公司
开　　本　787×1092（毫米）　1/16　印张：16.5
字　　数　206千字
版　　次　2017年12月第1版　2017年12月第1次印刷
书　　号　ISBN 978-7-5660-1436-8
定　　价　76.00元

序

在有史以来的人类发展中，自从人类认知了马以后，便使生产生活有了质的飞跃。人类在与马的相互影响、相互感染中，丰富了自身的智慧，提升了自信，坚定了意志，振奋了精神，从而把过去的不可能变为可能，把过去的梦想变成现实，人类的战斗力、生产力得到了飞跃发展。特别是游牧草原时代，游牧民族与马配合默契。所以，在游牧草原文化中，人与马的关系是核心之所在。谈到游牧草原就不能不谈到马，草原牧民聚在一起时，谈论最多的话题，就是草原上的马，马是游牧草原文化的永恒主题。

习近平总书记强调："一个国家、一个民族的强盛，总是以文化兴盛为支撑的，中华民族的伟大复兴需要以中华文化发展繁荣为条件。"内蒙古独具北疆特色的游牧草原文化，是中华文化的重要组成部分，中华文化的繁荣发展，离不开草原文化的大发展、大繁荣。我们挖掘、整理游牧草原文化，就是要繁荣发展中华文化，进而实现中华民族的伟大复兴。这也是促使我们搜集、整理、采访、编辑《鄂温克草原马背情缘》一书的初衷与动力。此前，我们曾搜集、采访、编辑出版了图文并茂的《鄂温克草原骏马史话》，该书主要梳理了鄂温克草原上马的发展脉络与历程，在搜集、采访、编辑《鄂温克草原骏马史话》时，我们被鄂温克草原上那些受访者们对马的热爱、热情，甚至是痴情所打动，被那些牧人与马的故事所激励、鼓舞，在成书之时感觉意犹未尽。于是，萌生了撰写续集的冲动，故决定编写《鄂温克草原马背情缘》一书，本书将以文字与图片的形式，把鄂温克草原上那些人与马演绎的美丽故事记录下来，呈现给读者，让读者感受鄂温克草原上马儿的吃苦耐劳、勇往直前的精神与品质，从而激励我们干事创业、奋勇争先，为中华民族的伟大复兴建功立业。

政协鄂温克族自治旗委员会主席 齐全

2017 年春

目录
CONTENTS

再铸辉煌

执着传承

纵情放歌

牧人情怀

科兴马业创始人帕米尔

葛根

在草原上落地啼哭的孩子，都是北方游牧民族的子孙后代，他们的血液中流淌着千百年来对马的眷恋，这无疑是与生俱来的。

2015 年，帕米尔在“首届中国 — 蒙古国博览会”国际马业论坛上代表中方做育马报告

1957 年 5 月的一天，鄂温克族自治旗南屯郭布勒哈勒怀讷艾拉的巴奇和罗日古夫妇迎来他们的第三个孩子，也是第二个儿子，与大儿子的名字扎米尔谐音，他们为二儿子以“万山之结帕米尔高原”为意取名叫帕米尔。在草原上落地啼哭的每一个孩子都是北方游牧民族的子孙后代，他们的血液中流淌着千百年来对马的眷恋，这无疑是与生俱来的。帕米尔虽然不是在驰骋草原的马群中成长，但父亲骑马去巴彦嵯岗苏木上班的身影在他的心中永远是那么英姿飒爽，父亲那匹栗色的三河马总是吸引着他的眼球，让他不放过任何机会去接近它、抚摸它……

1976 年，知识青年插队下乡，帕米尔被分配到原鄂温克旗东公社布日德生产队，他先后住在牧民斯德布家、丹巴家，深入放牧牛羊的生产生活中。生产队提供的马，让他如获珍宝，在青春躁动的年华，有一匹马相伴是再好不过的事情了，借黑子老师的话讲：“当你骑着骏马，在漫无边际的草原上奔驰的时候，天地如此辽阔，你一定是向往着自由，一定是向着太阳，寻找着温暖的生活。”

1978年，帕米尔考入原海拉尔师专数学班，1980年毕业后执教于原鄂温克旗二中。任数学教师的这11年教书生涯造就他认真、严谨、细心的学术风范，同时他也收获了桃李芬芳，是众多学生家长口中的“帕米尔老师”。之后，他辗转工作于鄂温克旗旗委组织部、原鄂温克旗国土局两个机关单位。2001年，通过鄂温克旗委组织部的考核，被任命为鄂温克旗教科局副局长，继任鄂温克旗科技局局长，负责科技、科协和地震预防工作。他曾先后获得国家13个部委联名颁发的全国百名“三下乡”先进工作者称号；全区地震系统先进工作者荣誉称号。

2005年夏天，经内蒙古自治区科技厅合作处推荐，鄂温克旗科技局迎来国家科技部合作司欧亚处虞明铎处长的考察，这位处长在观看伊敏苏木民间

2007年，组建科兴马业初期，帕米尔引进的纯血种公马

那达慕时的一句话，轻轻地叩响了帕米尔那颗沉睡已久的爱马之心。虞处长说："呼伦贝尔草原应该发展地域独有的特色马产业，就像俄罗斯的奥尔洛夫马、布琼尼马一样。"虞处长曾在驻俄罗斯、白俄罗斯大使馆科技部门工作多年，比较了解现代马业，是个十足的爱马之人。那一夜，他们二人彻夜未眠，笑谈马背上的故事，谈出了2006年科技部"双赢项目"赴俄罗斯学习考察马业的机会，这是一次令帕米尔大开眼界的机会。从那以后，帕米尔开始思索如何科技兴马。学习考察结束回国后，在虞处长的安排下，2007年帕米尔随着新疆维吾尔自治区科技厅的马业项目组，在新疆农业大学姚新奎教授的带领下，去吉尔吉斯斯坦考察学习"新吉尔吉斯斯坦马"的选育。当年，帕米尔再一次去吉尔吉斯斯坦时，鄂温克旗科技局以科技部项目实施单位的身份引进了两匹英国纯血马种公马。这是鄂温克旗首次从官方途径引进的英国纯

2007年，组建科兴马业初期，帕米尔（右一）赴吉尔吉斯斯坦选购种公马

血马，时间是2007年6月。那时，我国马圈盛行引进英国纯血马、阿哈尔捷金马，用来杂交改良当地马种或进行纯血马的纯种繁育。可是，我们鄂温克旗怎样利用这两匹纯血马？我们鄂温克旗的马业特色何在？优势何在？是改良当地马，还是繁育英国纯血马？这些都是问题。再有一个更加现实的问题是把纯血马种公马引进来，没有马厩、没有草场，更没有技师来料理这初来乍到“娇气”的纯血马，该怎么办？引进纯血马时，帕米尔邀请鄂温克旗富有经验的马主敖义日布一同远赴吉尔吉斯斯坦共同选马。敖义日布是该旗第一个个人引进纯血马的马主，比较了解纯血马的习性。见到此情此景，敖义日布接受了鄂温克旗科技局的代养委托，鄂温克旗境内仅有的3匹纯血马种公马齐聚在敖义日布家。鄂温克旗众多爱马之人慕名而来，观赏英国纯血马的悍威、清秀的体态、发达的肌腱、高挑的身形，讨论英国纯血马的用途和培养方法。锡尼河西苏木西博嘎查富有经验的牧马人、往届内蒙古自治区人大代表布德老人对其中一匹种公马赞赏有加，这匹种公马后来与马主乌兰巴图所养的三河马母马自然交配繁育出后代——一匹名为乌兰巴图的公马，并以它在呼伦贝尔草原大小那达慕的参赛成绩证明了布德老人的伯乐之见。

受呼伦贝尔市农管局20世纪30年代有计划的选育三河马的影响，20世纪90年代至2000年，鄂温克旗的马匹以优秀三河马血统称霸呼伦贝尔的大小那达慕，还多次代表呼伦贝尔市参加内蒙古自治区、国家级民族传统赛马活动并摘得桂冠。这些优秀的三河马均为大雁三河马种马场种马后裔（该场由农管局在1956年设立于鄂温克旗大雁镇，1986年因改制而解散，鄂温克旗巴彦嵯岗牧民收留了部分优秀种马）。即便如此，自三河马场、大雁种马场解散后，三河马的种群规模明显缩减，群体质量下降显著，走到了濒临消亡的边缘，毕竟品种选育是有组织、有计划的公益性工

组建科兴马业初期，时任内蒙古自治区副主席布小林（右二）考察育马基地

2010 年，帕米尔（右）赴法国实地考察时与法方探讨合作意向

作。三河马是我国培育的品种，是呼伦贝尔市独有的马品种遗传资源。鄂温克旗与三河马有着不解之缘，挽救三河马显然是众望所归。相比之下，英国纯血马的纯种繁育工作，在当时极其恶劣的饲养管理条件下，是无法满足源源不断的由国外进口的纯血马的培养条件和需求的。帕米尔多次组织鄂温克旗马主们进行讨论，坚定了大家“保护三河马，发展三河马”的信念。

帕米尔兴高采烈地带领着助手海波，与经验丰富的敖义日布、那木扎布等人行走5000千米、历经2个月时间，在鄂温克旗、陈巴尔虎旗等三河马集中的地区选购三河马成年母马（选购马匹至少要去马群三次：第一次选马，第二次抽血检疫，第三次谈价购马），准备开展2008年的“三河马改良”人工授精配种工作，正在此时，刚刚熬过呼伦贝尔严寒的那匹英国纯血马种公马居然因得了急性马流感而死亡！而另一匹种公马也因难以适应新环境，在入冬时跃起失足后仰而死。失去了项目引进的两匹种公马，用什么种公马来“改良三河马”！

这个噩耗如同晴天霹雳一

2015年，科技部国际合作司司长靳小明（左）来科兴马业基地考察

科兴马业创办初期，帕米尔带领海波深入牧区选购三河马母马

般重重地打击了当时所有参与准备工作的人的信心，帕米尔的心情就更不用说了。正所谓万事开头难，当时真是欲哭无泪啊！大畜的育种工作投入大、见效周期长，是人们都不愿做的事情。此时，即便帕米尔向项目主管单位提交报告说明客观原因，坦承英国纯血马引进工作，也不会有更多人问津。因为，那时从旗县到市、自治区的畜牧口均有20多年未开展过任何涉及育马的业务。可是，帕米尔在向项目主管部门和鄂温克旗人民政府提交的报告中却提出了补充购买英国纯血种公马的建议。幸运的是，市科技局丽娜局长和时任自治旗旗长的色音图接受了他的这个建议，还共同给予了资助。敖义日布的英国纯血马——敖乐，成为替补种公马的不二选择，既省去了再一次进口的烦琐手续，又能保证当年的配种任务，更重要的是敖乐已经度过了迁居呼伦贝尔后的适应期。工作组成员心中的希望被重新点燃，而且干劲十足。种公马及母马

的饲养基地也通过旗政府的帮助得到了安置。他们用1匹种公马和16匹三河马母马，在2008年的春天开启鄂温克旗自21世纪以来的第一个马的人工授精配种季。启动项目实际投资50万元，帕米尔做了超出各级领导预想的实事儿，所以取得了市科技局、内蒙古自治区科技厅及国家科技部的信任。为了推动第二、第三、第四个配种季顺利进行，争取更多的科技扶持项目，引进先进繁育技术、组建科技特派员技术团队，2009年鄂温克旗科兴马业发展有限公司成立，2010年由鄂温克族自治旗人民政府出资正式注册成立鄂温克旗科兴马业发展有限公司，并明文确定该企业性质为国有企业。就此，鄂温克旗特色马产业概念形成，科兴马业成为鄂温克旗特色马产业的育马基地，帕米尔真正踏上了科技兴马之路。

科技兴马这条路艰辛又孤独，起初只见投入，未见经济效益，更无社会效益可言。有人嘲笑他不懂马，也有人谴责他玩世不恭。然而，帕米尔坚定自己内心“保护三河马、发展三河马”的信念，以不懈努力和执着赢得越来越多的人的尊敬，马界（马圈）朋友尊称他为“帕米尔老师”。2007—2016年，帕米尔带领科兴马业团队共同走过了三河马选育新历程。如今，通过9年的繁育，鄂温克旗科兴马业选育的马群规模达269匹，其中，种公马21匹，除三河马种公马之外，还有从美国、澳大利亚、法国、俄罗斯引进的优秀品种，如英国纯血马、布琼尼马、奥尔洛夫马。现育马基地有成年母马83匹：其中，三河马56匹，纯血马26匹，奥尔洛夫马1匹；育成马158匹：其中，杂交一代马98匹，回交一代马20匹，纯血马40匹；骑乘马7匹。拥有马厩面积达到2220平方米，马匹诊疗室、实验室、采精室、配种室、配精料室、胚芽生长室等功能室的面积共计440平方米，马圈5处，饲草料库、车库、仓库面积共1174平方米，钢管双道检疫栏30米，职工宿舍、食堂及专家宿舍的面积共计283

2015年，帕米尔在科兴马业实验室向时任内蒙古自治区党委常委、统战部部长布小林（左二）讲解马的冷冻精液制作流程

帕米尔（右一）带领科兴马业技术员在巴彦托海镇马蹄坑嘎查建立第一个三河马选育配种站

平方米，机电井6眼、文化墙1面。

在原大雁种马场高级畜牧师希古尔嘎老师的帮助下，结合国内外各种技术培训与交流的知识与经验，帕米尔依托呼伦贝尔市、鄂温克旗两级科技特派员服务站，组建年轻一代的马匹繁育技术团队。通过下设配种站提供马匹人工授精技术服务，已搭建起由科兴马业育马基地为中心，辐射鄂温克旗巴彦托海镇、巴彦嵯岗苏木、巴彦塔拉乡、锡尼河西苏木、辉苏木5个乡、镇、苏木，辐射马群规模达5000余匹，由政府主导、企业引领、牧民参与的联合育马体系框架。截至2015年，科兴马业发展有限公司在选育体系框架内，累计完成800余匹母马的选育配种任务。这期间，由帕米尔主持承担的科技项目多达17个，累计为三河马种马业争取到项目实施经费1008万元，并取得了丰硕的成果，使三河马重新回到我国现代马业的舞台上。

帕米尔（左一）与阿根廷爱马人士在科兴马业育马基地

2015年，鄂温克旗科兴马业发展有限公司“三河马导血选育项目”获得呼伦贝尔市人民政府颁发的科技进步二等奖。帕米尔以第一完成人身份参加了颁奖典礼。同年，帕米尔获得由内蒙古自治区科技厅颁发的全区优秀科技特派员称号，并在“首届中国—蒙古国博览会”国际马业论坛上，以“三河马乘用型新品系选育现状”为题做报告，与内蒙古农业大学芒来教授、中国农业大学赵春江博士、山东农业大学孙玉江教授一同完成中方代表的交流任务。

三河马一代又一代孕育在呼伦贝尔草原，又有多少个孩子从父亲手中接过爱马的缰绳。三河马的优秀血脉、宝贵遗传资源是我国马品种的珍品，需要一代又一代的人去保护、传承，育马亦育人。2016年，帕米尔将继续主持承担内蒙古自治区科技计划项目“呼伦贝尔市三河马乘用型新品系选育体系研究”“国际科技合作基地建设”以及呼伦贝尔市良种工程项目“呼伦贝尔市三河马乘用型新品系的选育推广项目”、呼伦贝尔市科技计划项目“三河马原种场种公马精液质量检测研究”等4个科技项目工作，他将带领科兴马业新生技术队伍，继续走在“产、学、研”相结合的科技兴马的路上，为鄂温克旗特色马产业助力，为呼伦贝尔马产业而服务！

作者简介：葛根，女，达斡尔族，高级畜牧师，内蒙古自治区家畜改良工作站科教科副科长，鄂温克旗马匹繁殖育种技术推广示范基地负责人。

养马人朝勒孟

柏 青

草原上的年轻人不愿意养马，更不愿意养本地蒙古马，这让朝勒孟很是忧虑。忧虑草原上的养马业，忧虑草原上的马群，如果草原上没有了马群，那么这草原还是草原吗？

牧马人朝勒孟

“我爷爷告诉我，他的爷爷挤马奶，并制作酸马奶饮用、保健、治病。我们布里亚特蒙古人有饮用马奶的传统，在蒙古语中酸马奶叫‘色格’，蒙医药中用酸马奶治疗肺结核、高血压、糖尿病等病。蒙医十分看好酸马奶的药用价值，但在现实生活中大多数的人还不了解这一好处，也没有利用好、发挥好酸马奶的作用。”2015年6月15日在鄂温克旗锡尼河西苏木西博嘎查的草原上，布里亚特蒙古族牧民朝勒孟坐在我面前，用汉语一字一句地对我这样说道。

朝勒孟，1969年出生于鄂温克旗锡尼河西苏木西博嘎查一个布里亚特蒙古族牧民家中，父母都是嘎查的普通牧民，他有一个哥哥和一个妹妹，也都是嘎查的牧民。朝勒孟初中毕业后，考入锡林郭勒盟职业学校，学畜牧专业。1992年从学校毕业后回到嘎查当牧民，1997年朝勒孟被嘎查牧民选举为副嘎查达，同年他光荣地加入了中国共产党。2000年，他被选为嘎查党支部书记，直到2010年为止。目前，他仍是该嘎查的一名普通牧民。同时，他还是本嘎查鸿萨日勒马业合作社的社长，现在该马业合作社已有9户牧民入社，每个入社牧户投入资金5000元钱，用于合作社的集体活动。当我们询问为什么要组建嘎查牧民马业合作社时，朝勒孟对我们说，组建牧民马业合作社的好处有很多，其一能集中劳动力，合作放牧，可以减轻劳动强度。合作社牧民可以轮流放马、照顾马群，谁家的马有毛病了，大家可以相互帮助，相互指导。其二是嘎查牧民卖马时，买马的老客不愿来，因为马少，不值得来一趟。如果马业合作社的社员集体卖，卖的马多，买马的老客就愿意来了，这样就方便了牧民进行马匹交易。其三是牧民合作社的牧民可以集资买种公马，为牧户马群改良品种。细数了开办嘎查马业合作社的好处后，朝勒孟还说，父亲也是个爱马的人，集体生产队的时候他父亲就是队里的马倌。那时候生产队里有1000多匹马，三四个马倌放马。能够在生产队里当

马背情

马群奔驰在草原上

上马倌，那可是有名望的人才能承担的工作。在牧民的眼里，马倌是受人尊重的行当，在牧人中有信誉、在领导眼中有担当的人才能成为一名马倌。受父亲的影响，朝勒孟从小就喜欢马，四五岁时他父亲教他骑马，15岁时父亲教他驯马。朝勒孟介绍说："20世纪90年代，牧区改革，实行牲畜作价归户，我家分到十几匹马，我和妹妹当时都上学，爸爸和哥哥放牧、放马，我从学校放假回家后，就骑着马去放马，不愿意去放牛、放羊，因为放马能够骑马在草原上奔驰，和马群一起在草原上飞奔那种感觉太美妙了。现在，我家养马100多匹、牛20多头、羊200多只、骆驼两峰。其中我最喜欢养马，作为草原牧民的后代，我更喜欢草原五畜俱全。虽然我家只养了两峰驼，但毕竟还是五畜俱全了，图的就是这种吉利。现在我们全嘎查有200多户人家，每个牧户都养马，最多的牧户有150多匹马，最少的也有3～5匹马，养马超过100匹的有3～5家牧

“长大我也要骑马”

户，养马在70～80匹的也有十来户。2011年，苏木马协会引进了一匹阿拉伯种公马。我作为马业合作社新成员，负责饲养、管理照看这匹阿拉伯种公马。这一年它配种当地母马十几匹，得马驹6匹，现在这些改良马匹都三四岁了；去年它又配种十几匹当地母马，得马驹8匹；今年又为当地母马配种21匹，经检查，已有20匹母马受孕怀胎。”

2010年，朝勒孟参加旗里科兴马业举办的马业培训班，接受培训了几个月，主要学习调养儿马子、马的人工授精、马的调训等。进口种公马的饲养与蒙古马种公马不同，蒙古马的种公马不需太精心饲养调教，一般自然放牧即可。可从境外引进的种公马比较娇贵，需放在棚圈内单独饲养，它们怕冷，怕蚊虫叮咬，吃的饲料要讲究营养搭配，饮水、喂食的时间也要有规律，比起本地蒙古马来要费事许多。这既是优点，也是缺点，本地蒙古马就没有那么多说道了。最近，在旗马业协会的支持帮助下，嘎查马业合作社建立了一处现代驯马圈，是用砖墙搭建起的一种圆形圈，

并建有铁制围栏冷配栅栏，方便了马的冷配种及调驯。旗马业协会还下派一名技术员，帮助嘎查马业合作社进行本地马人工授精，指导养马户调驯马。传统的调驯马的方法是人马博弈，是人征服马的过程，人征服了马，马便顺应了人，服从了人，与人配合了。这样的征服过程要用力气、用毅力，还要比智慧。但在驯化的过程中人绝不打马，要用力量和毅力征服马。调驯马就是与马交流感情，旗马业协会从北京请来了技师，朝勒孟等基层马业合作社的养马户到旗里观摩学习现代马匹调训知识。回到嘎查后，朝勒孟也学着像技师那样用现代方法调驯马。在高大的调马圈里，只有一个人和一匹马，其他什么都没有，往外看，高墙挡住了视线，什么都看不见。在这样的环境中驯马师慢慢接触马，与之熟悉，慢慢交流感情，时间长了，马便和人有了交流、有了沟通、有了感情、有了信任，如此一来，这马就算驯好了。朝勒孟用这种现代调驯马的方法调驯了十几匹马。

养马也让朝勒孟吃了不少苦头。冬天下雪刮大风，马群

爸爸扶我上马背

顺风跑一宿能跑几百里路，朝勒孟要骑马把马群赶回来。赶回来的时候，马群不能跑得太快，跑得太快了，马出汗的话，怀孕的母马容易流产。有时朝勒孟不得不牵着马赶马群，这样一走就十几个小时，口渴了就吃点雪，饿了就得忍着。把马群赶回家里往往都已是半夜了，这时他才能吃上饭。夏天马怕蚊虫叮咬就顶风走，一晚上也能走百里路，第二天朝勒孟要骑着马把马群再赶回到自己的草场上。现在有了马业合作社，会员们可以轮流放马，又有了现代通信工具手机，手机信号基本上覆盖了整个草原，马业合作社的会员们只要拨通手机就可以相互转告马群的情况，极大地方便了找马与赶马，减轻了不少的劳动强度。

朝勒孟说，现代牧区的年轻人不是十分喜欢马，只爱好汽车和摩托车，而喜欢马的年轻人也大多只爱跑得快的赛马，愿意花大价钱买跑得快的赛马，让马儿在赛事上显身手。他们不愿意养马，更不愿意养本地

朝勒孟和他的爱骑

蒙古马，这让朝勒孟很是忧虑。忧虑草原上的养马业，忧虑着草原上的马群，如果草原上没有了马群，那么这草原还是草原吗？因此，朝勒孟在嘎查青年中大力宣传本地蒙古马的优势，讲述养马业的前景、马在草原上的作用和重要性，等等。引导嘎查青年人爱马、养马、发展马产业。特别是朝勒孟自己身体力行，开发马产业链，发挥马奶的食用药用价值。从2006年起，朝勒孟开始挤马奶出售，也制成酸马奶贩卖。去年，他挤马奶300斤，每斤马奶售价20元，一般来说，一匹马一天能生产4斤马奶，经营好了也会有不错的收入。朝勒孟到蒙古国旅游时考察了当地的养马业，一位蒙古国业内人士说，如果马奶的营养成分渗透进人体的皮肤，人就具有抗病的能力，很少患疾病，且美容养颜。蒙古国的马业发达，马奶、酸马奶很是畅销，人们对马奶的认识也很到位。朝勒孟拜访锡林郭勒盟牧区的牧民家，当地牧民说，蒙医的酸马奶疗法已进入牧区合作医疗的报销目录内，这调动起了当地牧民养马的积极性。今年，西苏木蒙医院找到朝勒孟，要他制作酸马奶提供给医院，他已经答应了，并带动几户养马户一起挤马奶，制作酸马奶。朝勒孟对马奶及酸马奶的制作业发展充满信心。他说，随着人们健康意识的提高，以及蒙医药文化的发展，牧区合作医疗报销比例提高增长，马奶及酸马奶的销售前景一定会越来越好，也让马奶、酸马奶造福于百姓，也进而促进养马业的发展进步。

朝勒孟憧憬着草原上永远有万马奔腾的景象。

作者简介：张柏青，蒙古族，历任《呼伦贝尔日报》驻鄂温克旗记者站站长，鄂温克旗委宣传部副部长，旗政协秘书长，旗委党校书记。曾出版《鄂温克风情》《锡尼河布里亚特》《鄂温克要览》《美丽的鄂温克》《锡尼河散记》。

爱马的通拉嘎

柏 青

通拉嘎，一个爱马的鄂温克牧人，说到自己饲养的这些马，他有讲不完的故事。

通拉嘎与他的功臣马

39岁的鄂温克族牧民通拉嘎是鄂温克旗辉苏木喜桂图嘎查的牧民，父母都是嘎查的牧民。通拉嘎与爱人养育有3个女儿，其中两个女儿分别在旗所在地巴彦托海镇读中学和小学。他与爱人以养畜为生，家里养有60多头牛、200多只羊、50多匹马。在这些牲畜中，通拉嘎特别喜欢自己饲养的马，还亲自调驯了几匹马参加各类比赛，并获得了奖项。提到自己饲养的这些马，通拉嘎就有讲不完的话。

通拉嘎说，在自己尚不懂事的时候就学会了骑马，自己是在马背上长大的。七八岁的时候，他就开始骑着自家的马参加各种赛马活动，包括祭祀敖包的赛马活动、丰收会的赛马活动，其中短距离的1000米、2000米、3000米、5000米他都参赛过，也多次获过奖，得到过许多奖章和证书。通拉嘎说，在牧区，和他年龄相仿的男子一般大的男孩子都会骑马，都爱马，都爱摔跤，也都会摔跤，大家都愿意参加赛马

赛马所获奖牌放在蒙古包显著位置

比赛。在草原上最受人尊敬的就是套马能手和摔跤能手，牧区的各种活动都少不了这两项运动。在草原上，赞美马的歌，赞美套马汉子的歌，赞美摔跤手的歌曲数不胜数，唱都唱不完。

通拉嘎现在养的这50多匹马中，有五六匹是他自己调驯出来的赛马。一般到春季，他就把这些马调驯好，只要听说附近草原上举办赛事了，他就骑着马前去参加，并根据不同赛事挑选不同的马匹参赛。在这些赛马中，通拉嘎最钟爱“宝日勒毛热”，它也是这些马中年龄最大的，现在已经11岁了。这匹马是通拉嘎自己调驯的，从它3岁开始就调驯了，一般是把驯好的马放在马群中，若有比赛了就提前一两个月把赛马从马群中套住抓回来调养。通拉嘎说，过去喂饲草的马好调养，现在光靠饲草营养不足了，便需给马加饲料，这些饲料有豆饼、燕麦等。喂饲草的马好调养，马跑得也快，现在喂饲料的马不好掌握饲料的量，营养搭配难把握，马吃多了就发胖，吃少了营养又不足，所以很难把握，实践中不是过量了就是量不足，所以现在喂饲料的马反而跑得不快。我们到通拉嘎家采访时，正好赶上东旗草原有个民间组织的赛马活动，他刚好要带着这匹11岁的“宝日勒毛热”前去参赛。现在，这匹“宝日勒毛热”已被调养了40多天，主要是这匹马冬天吃胖了，所以调养的时间长了些。通拉嘎一般每天要骑这匹马跑30千米路，这种适当的运动能让马去掉身上多余的脂肪，使马的肌肉发达，力量充足。目前，这匹马已被调养得差不多了，力争此次比赛中能取得好成绩。这匹马对通拉嘎来说是匹功勋马，已经在大小比赛中获奖10多次了，冠军就得过五六次。这次要参加的是20千米的长距离赛跑，这也正是这匹“宝日勒毛热”的长项。蒙古马的优势是有耐力、有长劲。通拉嘎信心满满地说，根据“宝日勒毛热”现在的状态看，取得名次是没问题的，言语中，通拉嘎对自己的爱骑充满了胜利的信心。

为了改良自己马群的品种，今年，通拉嘎还与本苏木的几位牧民结伴前往通辽市买良种马，他看好了一匹改良的两岁半血马，花了3万元买回家了。所谓的半血马就是父系为英纯血马，母系为本地马的后代，即一半是英纯血马，一半是本地马，故称为半血马。通拉嘎指着他家马圈内的两岁半血马对我们说：“这匹半血马现在的个头就有1.45米，本地马的大马个头也就1.5米许，将来这马的个头一定

新引进的改良马驹

伙伴

不小，准备留着当种公马，改良我家的马群。但这匹马也有些娇气，不像本地马好养，现在就喂豆饼和小米呢，前几天还感冒发烧了一次，打点滴消炎后才好。不知今冬的严寒这匹马怎么度过呢。”通拉嘎也有些担忧。但是不改良不行，现在牧民都养改良马，一是长相好看，二是跑起来也快。这几年通拉嘎出去赛马，看别人的马跑得那样快，都是改良马、半血马，自己的马与之相比显然有差距。通拉嘎说，因为受草场及地域等因素限制，只能养一群或两群马，数量控制在 50 ～ 60 匹左右，多了养不了。所以只能少养、精养，这样就要养改良马，不管成功与否，必须得去尝试，要让自己养的马跟上时代的步伐。

我们很关心通拉嘎即将出征的 11 岁赛马“宝日勒毛热”的情况，问通拉嘎这匹马还能跑几年比赛？通拉嘎说，估计还能跑一两年，就跑不动了。我们询问对这种功勋马主人要怎样安排它的退役生活呢？通

功臣马

拉嘎告诉我们说，就是永远地养着它，直到它慢慢地老去。听说有的国家给功勋马树碑立传，塑像供奉。说这话的时候，我看到通拉嘎的表情有些伤感，赶紧转换话题，预祝“宝日勒毛热”在此次比赛中获得名次。听到这些话语，通拉嘎的脸上才又显露出了喜悦的笑容。

通拉嘎,爱马的鄂温克牧人!

达斡尔族牧马人金红成

柏　青

马是牧人最忠实的伴侣，可以作为交通工具骑乘，更主要的是草原人民对马有着一种说不出的情感，也可能是马会给牧民带来精神上的力量。

金红成

“我们家是牧民，多少年来就生活在这片草原上，我祖辈、父辈都在这片草原上靠养畜为生，养畜是我们身为牧民的本分，就像农民种地一样，马是牧区家养的五畜之一。牧民在草原上饲养五畜是有一定道理的，马流动性大，跑得远，吃长得高的草，把牧人们居住地近处的、长得矮的草留给牛羊吃，不浪费草场。马还是牧人最忠实的伴侣，可以作为交通工具骑乘，更主要的是草原人民对马有着一种说不出的情感，也可能是马为牧民带来了精神上的力量。”2015年7月1日上午，鄂温克旗巴彦塔拉达斡尔民族乡纳文嘎查的达斡尔族牧民金红成坐在他家里对我们这样说。老实巴交的金红成今年49岁，一脸质朴、憨厚，因为平常在家里主要讲达斡尔语，所以说起汉语来有些慢，一句一句的，由此便知他是一个地道的牧民。

金红成是巴彦塔拉乡养马数量最多的牧户，他家养有150多匹马，分5群放养。所谓的5群马就是5个家族的马，马是按血缘家族分群的，一般一群马

较量

就是一个家族。其中1匹公马统领着，平时在草原上吃草都以群划分，一般是互不掺群。金红成的父母都是该嘎查的牧民，金红成成家后一家3口人，爱人吴淑梅也是达斡尔族，儿子叫吉雅提，今年23岁，在内蒙古首府上大学后应征入伍，现在新疆喀什服役。金红成家里养有30多头牛，1000多只羊。羊是专门找帮工给放着，每年给羊倌发工资就可以了。牛由爱人吴淑梅负责养护、管理，今年也不挤牛奶了，因为牛奶的价格太低，每公斤不足2元钱，来收牛奶的商户还挑三拣四的，卖牛奶挣不到钱就不挤牛奶了，少了一份收入。今年牧区都这样，牧民收入减少一大块，主要是牛奶收入降低的原因。家里150多匹马的放养任务就落在了金红成的肩上。夏天的时候，这些马都在辉河的河套里放养，因为现在还是牧草生长的季节，不能把马放牧到别人的草场上，那样人家就不能打饲草了，等到秋天打完饲草后，就可以把马群放到草原上去了。金红成养的这150多匹马，有锡尼河马、三河马与顿河马3个品种，其中以三河马为主。20世纪80年代，他家只有1匹放牧的马，进入90年代后，金红成从卖马的人手中买下两匹母马，每匹马花费500多元钱，从当时那两匹母马发展到了今天的150多匹马。金红成说，在这些马匹中，他比较喜欢顿河马，因为顿河马的样子好看。这种马原产自俄罗斯，它的脑袋小、身子长，比三河马跑得快。在他的马群里，顿河马已有40多匹了，目前他骑的几匹马都是由他自己调驯的顿河马。去年又改良了十几匹半血马，改良成功1匹半血马要花费3000多元钱，站在牧民的角度看还是有些贵了，很多牧民都是因为这个原因不想改良了。

现在，金红成每隔一天就骑着马到辉河河套里去看看自己的马群。夏天马怕蚊虫咬，逆风走，一般一晚上也就走30多里路，本地出生的马认识路，一般不往远处走。金红成每次去看马前都要先辨别风向，按着风向走就能顺利找到自己的马群了。家里的每匹马他都认

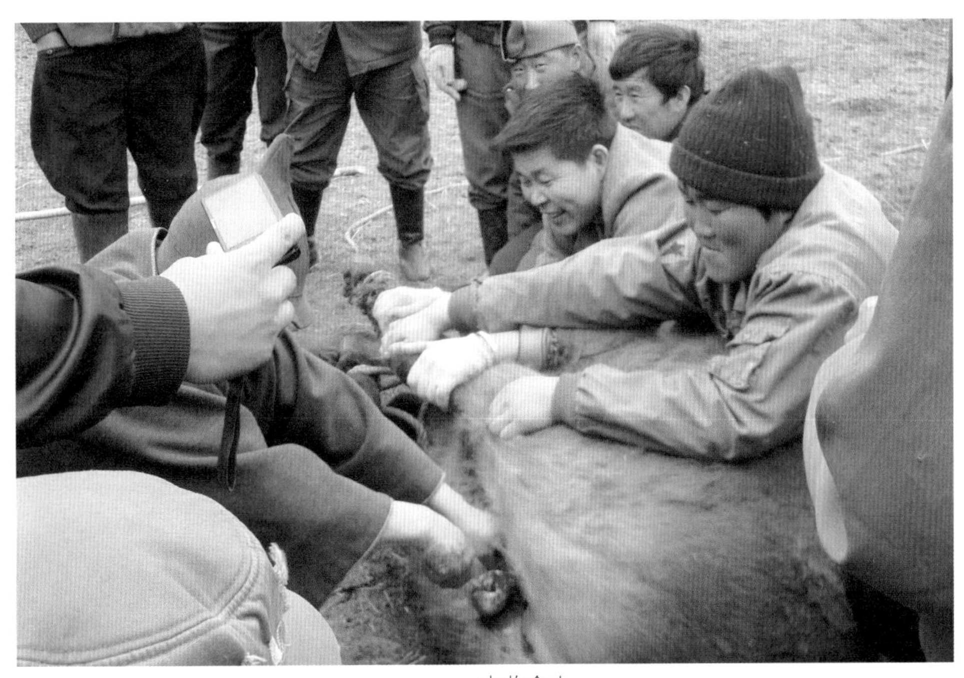

丰收会上

喜庆丰收

识，看到自己家马群的马没有缺的了，就圈一下马后骑马回家了。如果是冬天，马就顺风走，因为马怕冷，金红成就按照马群跑的方向顺风找，很快就能找到自己家的马群。但是在 2013 年秋天，金红成家的一群马共 18 匹，走丢了。金红成按照风向骑马找了几天也没有找到，遇到马倌就打听，可人家也都说不知道，后来还是呼伦贝尔广播电台的蒙古语服务牧民的栏目帮了他的大忙。他把信息发布到电台上，结果有牧民反馈信息，说在东旗附近的草场上，有一群十几匹马，信息中还说了马的颜色，请金红成前去看看。金红成听到电台广播后便骑马前往，按照电台所播的方向地点，他果然找到了自己家的马群。金红成说，现在信息社会就是方便了，只要有手机信号覆盖的地方，信息就灵通，如果是在过去，这些马肯定就是丢了，草原这么大，上哪儿去找啊！

金红成一年中有两天是他最忙的时候，也是他最高兴的时候，即 3 月份他家召开马的丰

收会与10月份给马打防疫针和喂驱虫药的两天。每年3月份召开马的丰收会，他家的亲戚朋友，附近的邻居都要来，平时他要好的马倌、牧马人也都聚集在他的家中，养马的、爱马的、玩马的济济一堂。牧马人首先要显露一手，在他家马群中把两岁的小马套住，然后用木炭把烧红的烙印铁烙在马的臀部上，这烙印是自己定制的，也是自己马群的标识。金红成家马的烙印是个“九”字，因为他的乳名叫“九斤半”，所以他的马群便都烙上个“九”字，证明这是他家的马。牧马人在马群里套马最能彰显其牧马的本领，首先自己骑的杆子马跑得要快，同时这匹杆子马还要能领会牧马人的意图，杆子马和牧马人密切配合才能贴近被套的马，套马杆出手也要快、准，这样才能套住马。如果套住的是两岁公马，还要给这匹小公马去势，然后，小伙子们要骑在马背上狂奔一气。有时，

春季骟马

马技表演

小伙子刚骑上马背就被马甩下来，艺高胆大的小伙子往往要在马背上骑一个回合方被甩下来，乐趣尽在其中。套马、抓马、烙马印、给小公马去势等活动都进行完了，自然就是一场丰收宴会了。牧马人大块吃肉，大碗喝酒，谈论着刚刚套马、驯马那些令人兴奋的事。主人金红成则给大家敬酒，向来客、亲人们、朋友们汇报今年马的收成情况。亲朋好友则祝贺金红成家马业发展、年年丰收，大家相互敬酒，有歌舞陪伴，直到深夜。这一天，是金红成一年中最高兴的一天，也是他最幸福的一天。每年的10月份，金红成要把自家的这100多匹马都赶回来，给这些马打防疫针、喂驱虫药，这也是一年中他最繁忙的一天。这一天他也要请亲戚朋友及附近的邻居来帮忙，把这些马都圈在简易棚圈中，然后一匹匹将马赶入栅栏中，逐一为其打针、灌药。往往会从早晨一直忙到晚上，这是金红成一年中最繁忙、最累的一天。虽然劳累，但他也必须这样做，

金红成在自家的放牧场上

牲畜防疫是重中之重。牲畜一般不得病，但若一旦患上传染病或流行病，那控制起来就很难了。对于牧区的牧民来说，这是经验之谈，所以他们都很重视牲畜的防疫工作。

金红成在嘎查当地有160平方米的砖瓦房，今年又盖起占地300多平方米的牛舍。在旗所在地，他有一座90多平方米的楼房，现在无人居住，就是偶尔去旗里办事会在楼房里住上两天，其他时间金红成夫妇都在嘎查忙着照顾家畜。金红成对自己现在的生活很满足，他的想法是要把适合本地区生长的三河马、顿河马、锡尼河马继续养好；适当搞些改良半血马，但不以其为主。他说，我是个牧民，养畜是我的本分，我一定要努力做好。

青春在马背上飞扬

柏 青

她想骑马，更想如当年那般在马背上做着各种流畅动作，想念那时的惬意与畅快，总觉得自己的青春在马背上飞扬……

斯木吉德老人

今年73岁的布里亚特蒙古族老人斯木吉德，是鄂温克旗锡尼河东苏木布日都嘎查的普通牧民，丈夫道德嘎也是该嘎查的布里亚特蒙古族牧民，曾在嘎查当过嘎查达。两位老人共育有四儿一女，其中一个儿子是蒙医大夫，还有一个是苏木干部，其他儿女都是牧民。斯木吉德老人目前和老伴居住在旗所在地巴彦托海镇，照看孙子上学，为孙子做饭陪读。

老人曾有一段难忘的往事，让她现在回忆起来还心潮澎湃、热血沸腾。那是50多年前的1958年，斯木吉德老人当时还在苏木的哈日嘎那小学读书。一天，老师把斯木吉德领到办公室对她说，为了迎接中华人民共和国成立10周年，内蒙古筹备成立马术队，选咱们学校的两名同学到内蒙古学习马术。经过综合考察，选中了你和另一位萨仁高娃同学，你同意吗？当时只有15岁的斯木吉德根本不了解马术学校是什么样的学校，什么叫马术，但她和每个牧民的孩子都一样，对马并不陌生，骑马、赶牛、放羊，更是她每天放学后的家务劳动。内蒙古首府呼和浩特市有多远她也不知道，但她相信老师的话，老师让去就去，听老师的话就绝对没有坏处。斯木吉德回到家里后把这些情况和父母讲了，父母也跟她的想法一样，都说听老师的话没有错。还有另一位同学做伴，父母也很放心。斯木吉德坐车转乘了几次后，才到了内蒙古首府呼和浩特市，鄂温克旗共来了4名女同学，除萨仁高娃她们俩外，还有两名鄂温克族女同学。当时，马术学校只有她们4名女同学，十几名男同学。每天除了学习文化课外，就是上马术课。刚去的时候，斯木吉德很不习惯，语言不通，生活习惯也不适应，只有上马术课骑在马背上时，她才有了在家的感觉。所以，她也就特别爱上马术课。只要和马在一起，她就感觉像在家里的草原上一样。她也特别喜欢马术老师与马配合的默契、技艺的娴熟、对马的热爱和理解。斯木吉德也学着老师的样子，努力和自己的爱骑建立亲密的关系，精心爱抚它，饲喂它，有时间就刷洗它的鬃毛，给它按摩。很快，斯木吉德和自己的爱骑建立了很

孙女在听奶奶讲述当年在马术队的故事

1959年，斯木吉德（左二）在1000米速度赛马中获冠军

深的感情，这也是因她从小就喜爱马的缘由。课余时间，斯木吉德认真复习老师教的动作要领，在马背上做各种动作，有些动作难度很大，特别是由双人和多人合作的动作，如果配合不好就会从马背上摔下来，轻者疼痛，重者皮肉受损，这都是常有的事。好在这些马与队员们都有感情，一般都会听从指令，服从口令，从不伤人。这让她们这些年轻的学员很高兴。由于学习认真、刻苦，斯木吉德对马上技术掌握得很快，与马配合得很默契，各项基本技能考核均优秀，被学校嘉奖为优秀学员。在校期间，斯木吉德曾参加内蒙古自治区举办的那达慕大会，在1000米速度赛马中她曾获得过冠军，在2000米速度赛马中获得过亚军。作为对她获奖的奖赏，老师曾带领她们获奖的小骑手到北京去旅游，那是她第一次到首都北京，老师问她到北京最想去哪里？她回答说最想去的就是天安门广场，在天安门城楼的毛主席画像前照上

斯木吉德（左）与马术班同学合影

一张相寄给亲人朋友。老师满足了她的心愿，她感到无比光荣和幸福。自己是一个草原牧民的孩子，能够来到首都北京，在天安门广场毛主席像前合影留念，多么神奇啊！家乡的朋友们该多么羡慕啊？直到今天，斯木吉德对此事仍记忆犹新，说起这些来她便沉浸在无比的幸福之中。

最让她难忘的是1959年去钢城包头参加马术表演，老师告诉她们周恩来总理要来观看她们的表演，听到这个消息后，斯木吉德激动得一夜没睡好觉，总是梦见她在表演马术，周总理在为她鼓掌祝贺。第二天参加表演，斯木吉德和她的同学在马上翻飞如燕，动作娴熟自如，无论是单人表演还是双人组合、多人组合，动作都完整连贯，一气呵成，人与马的高度默契，赢得了全场观众的掌声和欢呼声。斯木吉德看到主席台上的周总理也不时向她们挥手祝贺，为她们鼓掌加油。斯木吉德顿时激动得双眼模糊，国家总理日理万机，我们能有机会为他老人家表演是件多么光荣的事啊，同学们也都很激动。后来，主办方对马术学员的精彩表演给予了赞扬。50多年过去了，斯木吉德最爱讲的就是这件往事。这件往事在她们心中就像发

生在昨天一样，每当忆起，她的脸上露出喜悦的笑容，眼里绽放出炽热的光芒。毕竟，那时她是个十六七岁的青春少年，对未来充满了美好的憧憬与向往，如果她继续这样发展下去，现在她或许是一位著名的马术运动员，又或许是马术学校的教员、教练。但事与愿违，与她同去的萨仁高娃同学由于在训练中身体受伤骨折，已被送回呼伦贝尔草原家中。看到这种情况，斯木吉德的父母对她很担心。担心她小小的年纪不会照顾自己，远在千里之外举目无亲，同去的同学又受伤回家。学校放寒假后，父母就决定不让斯木吉德再去呼和浩特市马术学校学习了。任凭斯木吉德怎么哀求，父母也不同意，她只好在家跟着父母做家务、放牧。每当她骑马在草原上放牧时，就会想起自己在马术学校的学习生活，也很想念她的同学和她的爱骑，会不禁偷偷地伤心落泪。这期间，学校也曾派老师来呼伦贝尔草原接她回学校，每次父母都坚决不允，学校也不甘心，多次托人捎信要斯木吉德回校学习，均无奈于其父母的坚决反对。就这样，斯木吉德再也没有回到她心爱的马术学校，虽然她仍骑在马背上，但她却永远地远离了学校，成为一名牧民。让她感到安慰的是，后来她弟弟的儿子考入了她的母校内蒙古马术学校，成为一名马术学员，学成后留校任马术教练，这也算圆了她的一个梦。由于侄子在内蒙古马术学校工作，使她有机会了解许多当年同学的情况，有不少同学都成为学校的老教练或专业工作者，她们到现在还经常有联系与交往。

没有如愿完成马术学业的斯木吉德，仍然每天都在草原上骑马放牧，直到5年前因病做了手术，不能骑马了，她才不得不离开了马背。但直到现在她仍想着要骑马，更想如当年那般在马背上做着各种流畅动作，想念那时的惬意与畅快，总觉得自己的青春在马背上飞扬……

喜庆马丰收

柏 青

马是草原上的精灵，那牧马人自然就受人尊崇了。马倌斯仁扎布经常在当地组织年轻牧马人搞一些活动，都是关于马的。如驯马、赛马、套马等，每次也都通知我们前去拍照片。

马倌斯仁扎布

鄂温克族自治旗锡尼河西苏木好力宝嘎查马场的马倌斯仁扎布来电话了，说他家要搞个小型马的丰收会，邀请我们前去拍照。我赶紧收拾好相机，检查电池、数据卡等，并穿好棉裤、军用大头鞋。9点半许，旗摄影家协会主席常胜杰开车来接我，我背上相机包，坐上帕拉丁越野车，车向辉河湿地附近马场的马倌斯仁扎布家驶去。

虽然今天是八九第四天了，按农谚说，七九河开，八九雁来，但我们这里还是一片白茫茫的原野，寒风刺骨凉。去往马场的S201省道，仍然被白雪覆盖着，只有被车轮轧出的两条黑道道，算是露出了柏油马路的本黑色。公路两旁不时出现推土机推出的像小山包一样的雪堆，我们的车子不能开快，只能是时速50～60千米的样子。马倌斯仁扎布是布里亚特蒙古族，30多岁，是附近草原上较有威望的青年人。主要因为他是牧马人，在牧区牧马人是受人尊敬的，有不少草原歌曲、诗歌、影视剧都是以歌颂牧马人为题材的。马是草原上的精灵，那牧马人自然就受人尊崇了。马倌斯仁扎布经常在当地组织年轻牧马人搞一些活动，都是关于马的。如驯马、赛马、套马等，每次也都通知我们前去拍照片。斯仁扎布的爱人叫南斯勒玛，也是布里亚特蒙古族，高中学历，毕业于海拉尔第一中学。他们夫妇育有两个女儿，大女儿在呼伦贝尔民族幼儿园学前班就读，小女儿今年才1岁多。南斯勒玛的母亲和他们一起生活，

第一次和斯仁扎布夫妇见面时他俩还是一对情侣

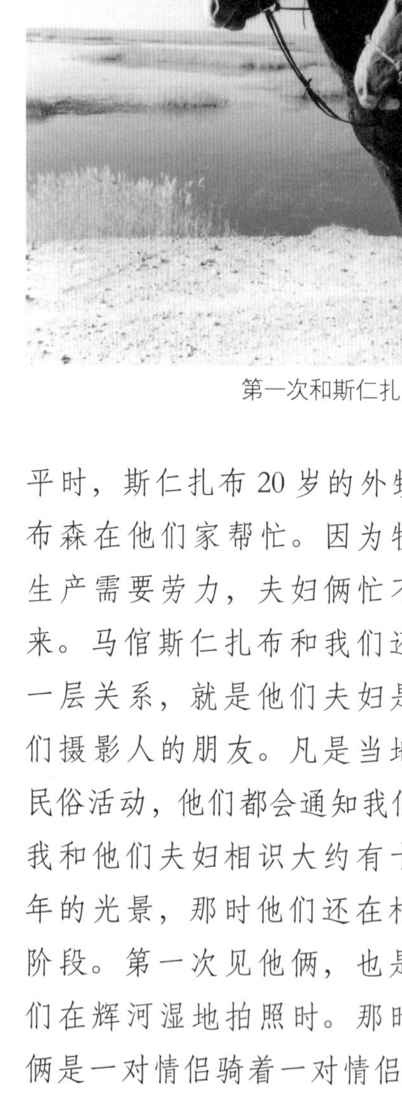

平时，斯仁扎布20岁的外甥劳布森在他们家帮忙。因为牧业生产需要劳力，夫妇俩忙不过来。马倌斯仁扎布和我们还有一层关系，就是他们夫妇是我们摄影人的朋友。凡是当地有民俗活动，他们都会通知我们。我和他们夫妇相识大约有十几年的光景，那时他们还在相恋阶段。第一次见他俩，也是我们在辉河湿地拍照时。那时他俩是一对情侣骑着一对情侣马，他们穿着鲜艳的布里亚特蒙古族服装，骑着颜色花纹一样的两匹马去朋友家串门，恰好遇到我们。我们和他们攀谈，并给他们拍了照，自那以后，我们便相识并成为朋友了。凡出去拍照，只要路过他们家附近，我们就一定要去他们家看看。喝杯奶茶，有时在他家吃饭，天晚了就住在他们家。他们把床铺让出来给我们住，他们去邻居家住。通过我的介绍，很多外地摄影人都成了他们的好朋友。斯仁扎布、南斯勒玛夫妇热情、大方、好客、善解人意。

大约走了近一个小时的路

斯仁扎布夫妇与女儿

程，我们来到了马场斯仁扎布家附近。但去他家的路被大雪覆盖了，只有一辆车走开的印迹，胜杰主席发挥了他开车的技术水平，沿着这个车辙前行，左拐右拐不敢有一丝懈怠，总算来到了斯仁扎布家砖房门前。南斯勒玛听到牧羊犬的叫声，便出来迎接我们。我们抱着带来的酒水、糕点、糖果等进到屋子里。此时，厨房里有几位布里亚特妇女正忙着做菜做饭。客厅里的方条长桌上摆着各类糖果糕点等，就像过节一样。我们坐在沙发上喝了杯热奶茶后，就赶紧开车去附近雪原的马群前。所谓马的丰收会，就是给3岁小公马阉割去势。一般给小公马阉割去势，都要在每年的正月里进行，选取这个时间大概是考虑天气已经渐暖，但还不至于太热，阉割去势小公马的伤口不至于感染。斯仁扎布家附近的牧民，一般是在正月初五或二月初五进行这一活动，今天正好是二月初五。此时，大雪原上根本就没了车辙印，只能靠我们的车子闯路了。风

刮雪硬，雪地上轮胎轧着大雪嘎嘎作响，一直向马群的方向冲去。只见十几名牧马人骑着马，挥舞着5.6米长的套马杆，在大雪原上奔驰，马蹄嗒嗒作响，马群身后扬起一股股的白色烟雾。见到我们的车子来了，斯仁扎布策马向我们奔来，马的身上罩着一层白色的雪霜。来到我们跟前，斯仁扎布向上提起马嚼子，马慢慢停了下来。斯仁扎布边用蒙古语向我们问好，边下马和我们握手。并告诉我们，这是他家和亲戚家的马，共百十来匹，今天要阉割去势的小公马有8匹。说着，就上马和伙伴们去马群里套这些小公马去了，我们赶紧把相机调到连拍档，开始拍照。说起给小公马阉割去势我过去也曾见过，但不十分详细，只是走马观花而已。今天，我详细了解了这个过程。依我看，整个过程难就难在套马这个环节上，只要把小公马套住了，其他就简单了。这套马可要看牧马人的本事了，也要看马和人的默契配合。往往是大家围追堵截，可就是不

雪原上的套马手们

上图：雪原上套马　中图：较力　下图：奔驰

得手，好的驯马手出手稳、准、狠，往往是套马杆一出手就有了，这就叫本事，大家都佩服你。不但要把马套住，还要拽住、稳住，这实属不易。然后，几位牧马人下马，把骑的马交由一人牵着。这几人顺着套马杆慢慢接近被套住的小公马，用手抱住小公马的脖子，顺着马走着走着，趁小马不注意，给小马下个脚绊子，小马顺势倒下。几个牧马人顺势按住小马，一人专门按住头部，其他人按住身体，把小马的一条前腿和一条后腿用绳子绑起来，使小马动弹不得。这时，马倌斯仁扎布从蒙古袍里拿出来一个用小方条木制作的木夹子，用此木夹子把小公马的两只睾丸夹住，并用皮条子把木夹子绑好。然后，再从腰间拔出蒙古刀，又从蒙古袍里拿出一瓶白酒，洒在蒙古刀上一些，算是消毒了。用蒙古刀熟练地割开小公马包在睾丸外面的皮肉，取出睾丸割下来，交给旁边的牧人，放入准备好的塑料袋里面。再用相同的办法割下另一只睾丸，之后往伤口上洒一些精盐，算是消毒了。接着，把小木夹子的皮

为了表示祝贺，我们也带来了酒菜

绳解开、取下，阉割去势就算结束了。按在小公马身上的牧人们，慢慢地把绑在小公马腿上的绳子解开，这时有一个小伙子准备好，要骑着这匹小公马跑一段路程。这既显示出该匹小公马的强壮威武，又能表现出牧马人的勇敢彪悍。一般，骑这匹小公马的都是20岁许的年轻牧人。只见有的小公马起来就飞奔，乱跳乱蹦，几下就把骑在它身上的牧马人甩掉了。有的小公马则跑几步就不知什么原因停下来了，牧人们一阵欢喜，就又开始骑上马奔向马群，寻找下一匹小公马，以同样的方法给套到的小公马阉割去势。这套马、驯马、圈马的过程让人兴奋，简直就是在这大雪原上演绎着的人与马的一场游戏。这十几位牧马人都是年轻人，还有两位是从邻近的新左旗赶来的，他们都是斯仁扎布的马倌朋友。在套马、驯马的间隙，大家还从蒙古袍里拿出啤酒相互对饮，也有的拿出白酒对饮。人们头上都冒着热汗，脸上却堆满了笑容，一脸的喜悦，这兴许就是丰收的喜悦吧！

这样，大约进行到下午1

南斯勒玛（右一）在家里用民族礼节招待客人

小憩间，套马的汉子从怀里掏出老白干对饮

套马手们一改马背上的骁勇，在酒席上显得很是腼腆

斯仁扎布（右一）为套马手们敬酒

时许，8 匹小公马都被阉割去势完了。斯仁扎布把马群赶向冬营地方向，其他牧马人则骑马列队奔向斯仁扎布的家。家里，南斯勒玛与帮忙的妇女早已准备好了酒肉，大家落座，南斯勒玛给每位牧马人都端上一碗热气腾腾的奶茶。大家边喝奶茶边用蒙古语聊着，话题自然都离不开马。不一会儿，斯仁扎布把热好的白酒斟满小杯并装在盘子中，为每位牧马人敬酒。也向我们敬酒，我们象征性地喝了一点儿。几杯酒下肚，牧人们满脸涨红，声音也高起来了，说的都是今天套马那些事情。不一会儿，用大米做的肉粥也被端了上来，这肉粥中就有今天阉割下的那些小公马的肉，牧民们说，吃这肉吉利，每个人都得吃。因为还得赶路，我们便先告辞了，斯仁扎布和南斯勒玛夫妇出来送我们，这时，屋内响起了歌声。看来，庆祝马的丰收歌会就要开始了……

上图：秋季牧马 下左：冬季牧马 下右：赶马

9 8 7 6

上左：短距离赛马 上右：长距离赛马 下图：雪地赛马

扎马尾

头饰

刮雪

爱马

冬季牧马

与马结缘

敖义日布此生与马结缘

柏 青

与马在一起时我的精神生活十分充实，我从马的身上汲取了无尽的力量，这使我的人生充满了欢乐和幸福，我的此生与马结缘。

敖义日布

67 岁的达斡尔族退休干部敖义日布，在鄂温克旗所在地巴彦托海镇南面的养畜点上养着两匹种公马，一匹是汗血马，一匹是阿拉伯马。两匹马各有一个马厩，里面均铺有地板。院落是由砖砌的高墙围成的，里面铺着沙子，是两匹种公马活动的场所。这两匹种公马是他人的，敖义日布只负责饲养、管理，并负责自己与别人合养的几十匹马的配种改良工作。

2015 年 7 月 8 日，我们来到敖义日布的养马点上，敖义日布带我们到马厩里看他饲养的两匹种公马。其中一匹正在院子里的沙地上奔跑着，敖义日布打着口哨慢慢接近这匹英俊高傲的马，轻轻拍几下这匹马的脖子，这匹马似乎懂得了主人的意图，愉快地在院落里的沙地上奔跑起来。敖义日布又把我们领到室内的一个单间马厩内，一匹英俊的阿拉伯马正高昂着头，四蹄踏着地板嗒嗒作响地向我们走来。敖义日布用刀切下一块胡萝卜，放在手掌上，送到这匹阿拉伯马的嘴边，这匹马立刻吃掉了这块胡萝卜。敖义日布对我们说，它的口粮比我的都好啊。配种期间要营养均衡，饲料有鸡蛋、白糖、小米、燕麦、胡萝卜等。我询问敖义日布，马匹采取什么方式配种，他说是自然交配。对此，他有一套在实践中自悟的理论，我们听起来觉得很在理，也认为敖义日布确实在马的饲养管理上有一套成熟的经验与方法。他又对我们解释说，在国外，只有自然交配产仔的马才建有终生的档案。也就是说，他们只承认自然交配的结果。随后，敖义日布把我们引到他的休息室，为我们斟满热奶茶后，给我们讲述起了他爱马、养马的经历……

敖义日布出身于书香门第，妈妈是教师，爸爸是鄂温克旗巴彦托海镇的第一任苏木达，父母都是有文化的人。当时他的爸爸在旗里当苏木达，去单位工作靠的主要交通工具就是马。苏木干部下乡也都要骑马，

敖义日布与他的爱驹

这是一匹纯血马

可以说那时候爸爸是骑着马上下班的。敖义日布从小就十分喜欢父亲的马，父亲也经常把他抱到马背上，让马驮着他小跑。当敖义日布五六岁的时候就可以独自骑马了，经常骑上他爸爸的马在家的院子里转上一圈。自此，敖义日布与马结缘，直到今天，无论在哪里工作他都能找到与马结缘的契合点。他从小学到中学，每当学校放假回家就会骑上爸爸的马到草原上转上一转，并帮助爸爸喂马，给马饮水，刷洗马的身体、鬃毛。1968年高中毕业后，敖义日布下乡到当时的南屯公社胜利生产队，也就是现在的巴彦托海镇巴彦托海嘎查。当时生产队里有100来匹马，敖义日布主动请求队长让他放马，马倌是个艰苦而又需要很强责任心的工作，看到这位高中生主动要求放马当马倌，队长便答应了。至此，敖义日布就骑马在草原上飞驰。后来，敖义日布参加工作被分配到鄂温克旗第二中学当总务主任。当时旗二中有两套马车，马车用来给学校拉煤，给职工家

马吃的饲料营养都是精心搭配好的

庭拉煤。那时机关单位很少有汽车，整个旗里也没有几台汽车，马车就是最好的交通运输工具。学校养马车，马是要吃草的，作为学校总务主任的敖义日布常领着学校的工人去草原上打饲草。从学校到打草场，敖义日布和工人都是骑马去的。到了草场，又坐在马拉的打草机上打草，坐在马拉搂草机上搂草，秋天的时候再用马车把草拉回学校。在牧区生活，打饲草是件最大的事情，因为牲畜一年食用的饲草都要在秋天时准备充足，以备冬春下雪时食用，敖义日布带领着学校工人要忙碌一个秋天。由于草料充足，学校养的马都很肥壮、力气足。大马车去海拉尔拉煤每天能跑两趟，令学校领导和职工都很满意。

20 世纪 70 年代末，敖义日布被调到旗人大工作，旗人大有许多老干部是从旗政府旗长的位置上转任过来的。当时的旗委政府机关只有几辆小汽车，干部下乡很困难。旗人大几位

敖义日布离不开他心爱的马

老主任都爱骑马，因为过去他们在旗政府工作时都是骑马下乡的。当时旗委旗政府都有专门养马的饲养员，为旗领导下乡准备马匹。旗领导要下乡会提前告诉饲养员，饲养员根据领导下乡的地点、下乡时间的长短、当时的气候条件等因素为领导选马。将选好的马喂好饲料后交由领导骑用，领导下乡回来后再将马交还给饲养员，然后介绍这几天马的使用情况、发现的问题等，以供饲养员在调喂马时做参考。旗人大的几位老领导商量多买几匹马，以方便下乡，于是就向旗财政申请了资金3000元交给敖义日布，并让他去大雁马场选购几匹马。这样，敖义日布拿着3000元钱到大雁马场选了两匹最好的马骑回来了，领导们下乡就方便了，骑上马可以到牧户家走访调研，和牧民打成一片，牧民也很欢迎。1982年，敖义日布被组织调到巴彦嵯岗公社当副主任。当时的巴彦嵯岗公社比较贫穷，全公社的牲畜不到1万头（匹）。但公社干部每人都有下乡骑用的马，敖义日布也分到了下乡用的马，他就经常骑着这匹马下乡走访，外出办公。1983年牧区实行改革，包产到户，牲畜作价归户，牧民的养畜积极性提高了，有养马传统的巴彦嵯岗公社的养马牧户开始增多了。敖义日布抓住这一时机，每年五六月份组织公社牧民集中调驯一些马匹，参加旗里、盟里的各级各类赛马比赛，并在公社内部、生产队内部组织赛马活动，这进一步调动了广大牧民养马的积极性。养马的牧人越来越多，全公社的马匹数量也逐年上升，品种逐年改良。1986年，巴彦嵯岗苏木组织牧民参加旗里举办的那达慕，几个赛马项目的比赛冠军都被巴彦嵯岗苏木牧民的赛马所夺得。巴彦嵯岗苏木的牧民因此都很受鼓舞，养马的劲头更足了。1989年，从内蒙古党校毕业的敖义日布被分配到了大雁矿务局农牧处当处长。作为农牧处的领导，敖义日布专门为自己准备了一匹马，他到处里所辖的牧业点都是自己骑着马去的。看到处长骑着马到牧业点、农业点搞调研，指导工作，牧工和农工们都感到很新奇，也都很乐意接受他。骑马下乡和坐小汽车下乡比较起来，在一线工作的工人都感到前者更亲切，一下子就拉近了领导同职工的距离，职工们与他无话不说。敖义日布经常听从工人们的意见和建议，与大家共同商量着办事，职工们心情都很舒畅，认为这个领导没有架子，职工们工作起来也干劲十足，农牧处的各项工作在他的领导下都很有起色。1995年，敖义日布又被组织上调到旗所在地巴彦托海镇任镇长。巴彦托海镇即原来的南屯镇、南屯公社，是敖义日布的故乡，是他出生的地方，伊敏河水哺育他长大，他对自己的故乡更是有着深沉的爱。他回到家乡任职，感到责任重大。他认真研究工作方案，听从老干部意见和想法，并深入基层了解牧民的心声。他到嘎查牧民家去调研时，仍然是尽可能地骑着马下乡。他认为，巴彦托海镇的特色是牧区小镇，应在特色上有所发展，发展的目的是让当地牧民过上他们满意的生活。所以，他将工作重心放在了民族、地区特点上，其中发展传承马文化就是他倡导的一项工作。1998年，建旗40周年大庆是全面展示工作成果的平台。他组织了有特色的马队、马术、马技表演等，提前1个月就召集牧民集驯马匹。牧民们都积极参与，不少牧民还自发地给参加训练的人员送来羊，叫他们吃肉补养身体。在建旗40周年的那达慕大会上，巴彦托海镇的马在速度赛马中获得了总分第一的好成绩。1999年，敖义日布被组织上调到旗委牧工委工作，他的职责就是调研牧区工作。他有更多的机会下乡到基层牧区，有更多的机会和牧民接触，并把牧民的情况及时反馈给旗里，供领导决策参考。他愿意下乡，到基层牧民中去了解情况，不愿意整天泡在办公室里。2000年，呼伦贝尔市在鄂温克旗举办首届冬季那达慕，敖义日布组织了群众性马协会，并被牧民选举为会长。2002年，敖义日布组织马协会的牧民参加内蒙古自治区那达慕，获得了不少奖项。此外，他还多次组织马协会的会员去附近的旗里参加各类赛马活动，都取得了较好的成绩。但是当时的马文化整体氛围不浓，不像现在这样受人重视。

2009年敖义日布退休后，就专职从事马业的改良。在此之前，他曾去北京周边地区考察养马业，让他眼界大开。给他的感觉是曾号称是马背民族的草原民族与现代马业的发展相比滞后了，还停留在原始的散养阶段，没有科学饲养的理念，要改变这种状况必须从改良入手，把品种改良作为马业发展的前提。为此，他走访了许多专家学者，大家对他的想法都很支持，并纷纷为他出谋划策。中国农业科学院的王教授向他传授改良的知识，讲述亲身的体会，并把自己即将出版的书稿《三河马百年文化史》送给他看。敖义日布很受鼓舞，

草原上的马群

骏马在草原

更坚定了他改良马品种的信心。他之所以在马品种改良事业上走得这么坚实，都得益于他的力量源泉和理论基础。年近七旬的敖义日布是个性情中人，只要谈到马，他就会滔滔不绝，甚至讲着讲着便情绪激动起来。他的朋友说，敖义日布曾和马一起住过，他的马得了病，他曾伤心地落过泪，他的爱马之心可见一斑。敖义日布说：“与马在一起时我的精神生活十分充实，我从马的身上汲取了无尽的力量，这使我的人生充满了欢乐和幸福，我的此生与马结缘。”

接过爸爸的套马杆

——记驯马手双平

柏　青

接过爸爸手中的套马杆，双平学会了骑马，并努力地想把马文化传承下去。眼前这位坚毅、果敢、英俊的达斡尔族青年驯马手，让我们看到了传承民族文化的希望。

驯马手双平

鄂温克旗伊敏苏木的达斡尔族青年双平是全苏木有名的驯马手，经他调驯的马匹已有近百匹了，他很少被生个子马从马背上甩下来。

2015 年 6 月 9 日，我们前去伊敏苏木走访这位 34 岁的达斡尔族青年驯马手。他个头中等，留着小寸头，穿一条蓝色牛仔裤，上身穿格布衬衣，脚蹬一双黑马靴，这是个健壮英俊的小伙子。在接受我们采访前，他说要驯一匹生个子马给我们看。于是，他便开着一辆越野车，从伊敏苏木所在地向吉登嘎查方向奔去，我们的车辆紧随其后。牧民在草原上开车也像骑马一样狂野飞奔，我们的汽车被远远甩在后面。汽车在草原上行驶一个小时许，我们见到了一个马群。几个牧民小伙子从双平的越野汽车上下来走近马群，马群放马的马倌给每个青年人一匹马和一个套马杆，几个小伙子便在马群中套起生个子马来。半小时许，几位套马手合力套住了一匹 3 岁生个子马。小伙子们下马顺着套马杆慢慢接近生个子马，有一个小伙子顺势用两手抓到了马耳朵，据说如果马被抓住耳朵就会老实很多。其他几位小伙子抱住马的脖子，慢慢地给马戴上了笼头。这时，双平从越野车上用双手捧起一个马鞍子，慢慢接近这匹生个子马，再顺势慢慢地把马鞍子放在了马背上。这时，生个子马觉得背上突然放个重物很不适应，总想把马鞍子甩掉。双平很有耐心，一点一点接近生个子马，并慢慢地把马鞍子固定在马背上。这匹烈性的生个子小马，见到双平后显得似乎有些温顺了。但几个牧民小伙子还是紧紧抱着马脖子，拽着马耳朵。双平在几个小伙子的协助下，顺利地登上了马鞍，骑在了马背上。这时，其中一个小伙子将马缰绳交给了双平，只见双平一手抓住马缰绳，一手握着马鞭子，示意其他几位小伙子松手放开马。待几位小伙子一松手，这匹烈马就跳起来了,前仰后踢，又跑又跳地发起狂来。可是马背上的双平一手抓着马缰绳，一手举着马鞭子，任生个子马在草原上狂跳乱舞，他合理地利用脚蹬和马鞍子，把自己牢牢地粘在了马背上，随马背上下运动就是掉不下来。生个子马无奈甩不下来背上的人，便在草原上狂奔，双平也放开缰绳，任生个子马在原野上狂奔，不一会儿马就跑到山坡外了。大约过了半个小时，这匹生个子马从远处的山冈奔来，其他几位小伙子骑马前去迎接，只见这生个子马满身是汗，累得有些气喘了。双平把马缰绳交给一名同伴，同伴接过缰绳把马拴在了马桩上，双平便慢慢地从马背上跳下来，黑红的脸上挂着胜利的微笑。耳听为虚、眼见为实，亲眼看见了双平驯马的过程，我从心里佩服这位年轻英俊的达斡尔族小伙子。我上前赞扬他说，双平你真厉害，马骑得太好了！他只是腼腆地对我笑了笑。

在访谈中我们了解到，双平爱马、驯马是从他爸爸那里学来的，他的爸爸就是旗所在地原南屯公社爱国队的一名马倌，是旗里远近闻名的驯马手。在双平小的时候，家里每天都会来很多人，骑着马的、拎着套马杆的，都是牧马人，大家来到他家喝奶茶、聊天，说的都是马，讲的也都是马的故事。双平耳濡目染，对马也有了感情，爸爸也经常把

双平和父亲

双平的女儿在学骑马

他扶上马背转上几圈，待到八九岁时，双平已能骑马去给马饮水了，并跟着爸爸到马群去玩。爸爸没事做的时候，就在家里用牛皮做马笼头、马缰绳、马绊子、马鞭子，有时候还让双平搭把手，双平也因此了解了马具的一些制作工序。那时候，爸爸还自己包装制作马鞍子，双平把包装制作马鞍子的工序也都牢记在心中。来双平家串门的马倌们，有时也拿着损坏的马具来让双平的爸爸修理，谁家的马有病了也牵来让双平的爸爸看病，爸爸会很多民间治马病的方法，治好了很多马。双平记得最清楚的是每年卖马的季节，爸爸都要大哭一场，哪匹马也舍不得卖，可不卖还不行，因为生活需要钱啊，卖牛的时候爸爸就没有这样伤心过。

因为爱马，双平曾在伊敏苏木当了几年马倌，当时他放的马群有 300 多匹马，每天早上三四点钟就起来赶马，晚上七八点钟才回到家里，虽然每天都很累，但是能和自己心爱的马在一起他还是感到很高兴。2001 年双平开始学习驯马，他驯马是受爸爸的影响，首先是和马交朋友，建立感情，给马挠痒痒、擦身子、洗眼屎，你对马好，马就会对你好。双平说：“人与马相互读懂了，马也就算是调驯好了。”有时候他在野外驯马，被马甩下来，他得慢慢走回家，一回到家看到马在家呢，他的心里便很高兴。双平最高兴的时候是把马驯好了，马与人不离不弃了，相互了解了，这也是他感到最幸福的事了。双平说，人与马打交道要相互尊重，什么时候也不能打马头，马最忌讳被打头，一般被打了马头的马就会学坏了。所以成吉思汗的法典上也有不许打马头的严格规定。双平说这是他在驯马的实践中悟出的道理。双平也感叹道：“现在牧区爱马的年轻人越来越少，骑马的人也越来越少了。如果草原上的男子汉都不骑马了,那还是草原人吗？所以，我们有责任把马文化传承下去，不能让它在我们这一代人身上失

跨上骏马

双平（右一）与他爱马的伙伴们

传。”双平的女儿 5 岁了，他说要教女儿学会骑马。为了传承马文化，双平筹资 6 万元，在伊敏苏木开办了首家阿吉泰民族用品商店，里面的商品有很大一部分是马具，这些马具有他从外地进的货物，也有他自己亲手制作的马鞍、马绊、马鞭等用具，这些手艺都是他从小跟爸爸学来的，现在都派上了用场。他的小店很受牧马人的喜欢。双平说不管能否盈利，只要把这些马具摆在这里，看着心里就很高兴。

双平接过爸爸手中的套马杆，学会了骑马，并努力地想把马文化传承下去。眼前这位坚毅、果敢、英俊的达斡尔族青年驯马手，让我们看到了传承民族文化的希望。

跟着爷爷学放马

柏　青

它是那样任劳任怨，勇往直前。从它的身上我学到了许多，也懂得了许多。在我走向社会的人生道路上它给予我许多勇气和力量。

额尔敦尼（左）在家中接受采访

2015年6月3日，我们在辉苏木主管牧业的副苏木达额尔德木图及苏木宣传委员萨娜的带领下，来到辉苏木养马大户嘎鲁图嘎查牧民额尔敦尼家走访。

辉苏木是鄂温克旗比较大的牧业苏木，以畜牧业为主，又是鄂温克族聚居的苏木。嘎鲁图嘎查原是北辉苏木所在地，后来南辉苏木与北辉苏木合并成辉苏木，北辉苏木所在地改名为嘎鲁图嘎查，嘎鲁图在鄂温克语中意为天鹅的故乡，此地因该嘎查境内的湖泊有天鹅栖息而得名。32岁的鄂温克族青年，共产党员额尔敦尼是该嘎查的嘎查达，也是辉苏木养马大户之一，与其大爷家合养有300多匹马。额尔敦尼还是一名体校毕业的专业摔跤手，曾在国家级、省级比赛中多次获得奖项，后来因为伤病而退役回乡当了牧民。我们来到额尔敦尼家时，他还在和他的爸爸一起给即将参加比赛的赛马洗温水澡。他说刚遛完马回来，马出了一身汗，他用毛巾蘸温水把马的全身擦洗，这样马会感觉很舒适，消除浑身的疲劳。最近草原上的赛马比赛有很多，每次比赛他都会参加，这匹马还曾多次取得名次。用热毛巾给马擦洗完全身后，他又用木制的毛刮子，给马的全身刮擦了一遍，然后把马拴在了马厩里，那熟练又麻利的动作，让我们感到眼前这位可真是一个爱马的人。

额尔敦尼把我们请进他的蒙古包里，其实他们家的蒙古包是搭建在砖房院落里的，但一般他们都习惯于在蒙古包中生活，不愿在砖房里面居住，这或许就是民族习惯。毕竟在草原上蒙古包方便、简单、实用，与牧民的牧业生产生活相适应。额尔敦尼的妈妈给我们每人斟上一碗热气腾腾的奶茶，并在桌子上放一盘奶酪。我们边喝着奶茶、嚼着奶酪，边听着额尔敦尼的讲述。1998 年，额尔敦尼在鄂温克旗民族中学毕业后考入呼盟体校，学自由式摔跤，其间参加过内蒙古自治区及黑龙江省的 56 公斤级比赛，并都获冠军。2002 年被宁夏体工队选中，成为专业运动员，代表宁夏队在全国民运会上取得第五名的成绩。2003 年，在全国精英赛中取得了 56 公斤

额尔敦尼（右）与父亲为爱马沐浴

额尔敦尼用汗板为爱马刮汗

级第三名。2006年，因在训练中受伤他退役回家当起了牧民。2009年，被嘎查牧民选为嘎查达，现在他已任两届嘎查达了。2010年，额尔敦尼光荣地加入中国共产党。嘎鲁图嘎查有90多户牧户，300多口人，除两户是蒙古族、汉族外，其余都是鄂温克族牧民。全嘎查有羊1.6万只，牛8000多头，马1000多匹，骆驼100多峰。其中养马的牧户有10多户，养马最多的就是额尔敦尼家了。额尔敦尼说：“我们从小就跟牛、马、羊一起长大，五六岁就学会了骑马，是爷爷把我抱上马背，他牵着马走，后来我自己学会了骑马，不用爷爷牵马了，爷爷教我放羊、放牛、放马。当时，我家有一匹叫‘胡热莫林’的红马，我就是在这匹马的背上长大的。我小学三年级就到旗里南屯镇上小学去了，我最盼望的是学校放假，放假回家后，我骑着那匹心爱的‘胡热莫林’跟着爷爷去放羊。等我稍大一些，爷爷就领着我去放马，教我怎样圈马群，怎样赶马，什么时候到什么草场去放马。当时我爷爷娜日哈吉德是苏木、旗里、盟里、区里和全国的劳动模范，也是嘎查的党支部书记，带领全嘎查牧民勤劳致富，受到了各级政府的表彰奖励。爷爷是个放牧能手，他当上模范是全靠勤奋劳动得来的。爷爷说：作为草原上的牧户，应该家里养牛、马、骆驼、绵羊和山羊这五畜。五畜俱全，草原才会兴旺发达，五畜中马是草原的精灵，草原上不能没有马，没有马的草原就不是真正的草原。爷爷还给我讲牧户为什么要养五畜，五畜的作用。爷爷特别给我讲了许多草原上有关马的故事，如马救主人、马与人感情等方面的故事，这些故事都深深地印在了我的脑海里。自我记事起，我家就养着牛、马、骆驼、羊，而且很多牧民都会到我家串门，称赞我家养的骆驼个儿大、体壮。我爷爷那时候养马最多时达500多匹，当时在我家放马的马倌就有两个人。那时候部队的军用马也来我家挑选，记得两次来我家挑选出20多匹马作为军马，这让爷爷感到十分高兴和自豪。那几年附近的牧民到我家也称赞说，你家养的马为国出力了，爷爷就眯起双眼，脸上露出幸福的笑容。

在爷爷的熏陶教导下，我从小就爱草原上的五畜，因为牛为我们提供牛奶和奶酪；羊为我们提供肉食和衣料；骆驼能拉车、放牧；马能骑乘。当然我最爱的还是马，特别是我那匹心爱的‘胡热莫林’，我曾骑着它载着我的理想在草原上飞驰，这匹马为我争了光，在许多敖包、那达慕上都获得了奖项，在苏木、旗里举办的那达慕上还取得了名次。获得了那么多的奖项，它还是那样任劳任怨，勇往直前。从它的身上我学到了许多，也懂得了许多。在我走向社会的人生道路上它给予我许多勇气和力量。比如当我在做摔跤运动员的时候，当我获得胜利的时候，我就想起我心爱的‘胡热莫林’。当我失利或遇到困难的时候，我也会想到了我心爱的‘胡热莫林’，严寒风雪中它那种昂扬向上的士气，给了我无穷的力量，于是我又振作起来，奋勇拼搏。

这种胜不骄败不馁的精神和骨气，就是我这匹心爱的‘胡热莫林’教给我的……”说起马来，额尔敦尼便滔滔不绝地向我们讲述着。

当我们问到目前马在草原上的用途时，额尔敦尼说，放牧、赛马、出售。一段时间牧民骑摩托车放牧了，在草原上骑摩托车放牧似乎成了时尚。目前，牧民们又开始回归骑马放牧了，因为在草原上骑马放牧是人与马共同放牧，有马的陪伴，人便不再孤单，有感情的依托和交流。倘若是骑摩托车就没有这个感觉了。所以，牧民们现在又开始骑马放牧了。马虽离开了战场，但现在又有了赛场，现在草原上举办的赛事越来越多，不像过去只有那达慕大会和敖包会时才有赛马活动。现在每逢草原上的节日都要举行赛马活动，而且各级马协会还不定期举办一些赛事。许多爱马人士、青年牧民也举办各种各样的赛马活动，除了短距离赛马还有长距离赛马、各年龄段的马匹比赛。并且只要是草原上举办

驯马

的赛马活动，各地的骑手都可以参加，不分地区、不分民族，养马的人都可以报名参加。奖金也越来越高，这已经形成了一种趋势，而且越来越兴旺。这些都有力地促进了牧区的马业发展，进而也使马市场活跃起来。“去年我家就出售了3匹马，都是赛马，牧民买去参加各类比赛，每匹马的售价在1万～2万元不等。今年我家大约能卖十几匹马，卖给附近牧民及新巴尔虎左旗的牧民。新巴尔虎左旗的牧民比较喜欢我们辉河产的马匹，因为我们这儿的马匹改良得早，在速度和耐力上都有优势。现在，我家有7匹赛马参加各种赛事活动，有6匹种公马，其中4匹半血马，是从北京买的，两匹是三河马。半血马主要是为比赛用，更适合本地区生长的还是三河马，耐寒、结实。”当我们问起今后马业发展的方向时，额尔敦尼说，在马的数量上不想多发展了，主要是受草场的限制，到处是围栏，马走不动，饲草也缺少，每年都从别人家买草喂，自己

原野

家的草场有限，没有那么多饲草可喂。主要想在马的质量上下工夫，在养好蒙古马的同时，改良蒙古马，使之质量优良、体质更好、跑得更快、耐力更强。这也是我爷爷在世时的愿望，他希望我养好马，保护好草原，这是我们草原人的本分。我在努力按照爷爷说的去做，争取做一名合格的牧民。

不知不觉，我们已谈到了中午，额尔敦尼母亲在锅中煮的手把肉已散发出了香气，老人家招呼我们吃午饭，我们的谈话也到此告一段落。

长在马背上的人

柏 青

巴图苏和虽然没有太多的话语，但他是按照父母的意愿去做事的，他勤劳努力，用双手建设美好的家园，这都是在完成父母的心愿……

巴图苏和夫妇

48岁的巴图苏和是鄂温克旗锡尼河西苏木西博嘎查的牧民。他从西博嘎查小学毕业后不想到旗里中学继续上学了，十几岁时就开始帮助父亲放牧，成为一名牧马人。从那时开始，他就每天骑在马背上放牧，特别喜欢放马、养马，没有一天不骑马。所以，妻子索优勒玛说他是长在马背上的人。

巴图苏和的父母都是西博嘎查的布里亚特蒙古族牧民，他家共有兄妹5人，都是牧民，巴图苏和排行老三。爸爸是名共产党员，当年在嘎查当过嘎查达。巴图苏和与妻子索优勒玛育有一双儿女，女儿19岁，在海拉尔一中读书，儿子9岁，在旗所在地第一小学读书。他们在旗所在地巴彦托海镇买下楼房，巴图苏母亲在那儿陪儿子读书。巴图苏和夫妇家里养有100多头牛、1000多只羊、150多匹马，还有6峰骆驼，附近牧民都十分崇拜五畜俱全的牧户。在牧区生活的牧民，都向往五畜俱全，认为那是五畜兴旺、家庭幸福、吉祥如意的象征。但由于种种原因，同时饲养五畜的牧户毕竟还是少数。所以附近的牧户

巴图苏和（左一）与嘎查牧民一起交流

都很羡慕巴图苏和家。老实巴交的巴图苏和是个养畜能手，2000年以来，他家每年都会被苏木或嘎查评为模范牧户或模范牧民。要说家里饲养的五畜，巴图苏和都很喜欢，但他最喜欢的还是马，他家养的牛和羊可以雇人看着，而他家养的150多匹马始终由他自己放养，他不放心别人看管他的马。他对自己这150多匹马的年龄、脾气性格、特征、血统等都了如指掌。对自己喜欢的马特别宠爱，一般都舍不得外卖，自己养着为的是发展规模。这纯粹是出于自己对马的情感，这种情感来源于两个方面：一是巴图苏和血液中的蒙古民族对马的情结，这是天生的；二是在巴图苏和小的时候爸爸经常给他讲当年国家主席刘少奇来到西博嘎查，嘎查老牧民们为主席表演套马、驯马、赛马时的情景，也经常给他讲述国家主席对嘎查牧民所讲的亲切话语。让西博嘎查牧民永远难忘的是1961年8月5日，在国家面临三年自然灾害的艰难时期，国家主席刘少奇

与夫人王光美来到西博嘎查慰问嘎查牧民。刘少奇主席从兜里掏出香烟分给牧民，夫人王光美从手提包中拿出糖块来分给牧民的孩子们吃。许多牧民舍不得抽这只烟，只抽了一半就保存了起来，一直保存了许多年。孩子们吃了王光美给的糖块，把包糖块的纸珍藏起来留作纪念。刘少奇主席对嘎查牧民说，呼伦贝尔大草原水草丰美、牛肥马壮，发展畜牧业大有前途，要大力发展畜牧业，搞好品种改良，努力提高牧民的生活水平。国家主席平易近人的作风。亲切的话语让当时在场的嘎查牧民记忆犹新，对嘎查牧民来说也是最大的鼓舞。随后，嘎查牧民为刘主席表演了摔跤、赛马、驯马、套马等传统体育竞技项目，刘少奇主席和王光美同志不停地为牧民的精彩表演鼓掌祝贺，并赞扬说："骑手们真勇敢！"巴图苏和的爸爸每当讲起这些事来，脸上就会露出幸福的笑容，巴图苏和也最爱听爸爸讲述这些往事。幼小的心灵里深深地刻下了刘少奇主席鼓舞牧民们的话语，他下定决心要养好牲畜，

巴图苏和（右二）与伙伴们

保护好这片草原，成为一名好骑手，将来有机会自己也要为国家领导人表演套马、驯马的技艺。一想到这些，巴图苏和就热血沸腾，鼓励着自己要做一个新时代的好牧民。不善言谈的巴图苏和把这些都化作了实际行动，他精心饲养着牛羊，注重着品种的改良。他家养的都是锡尼河马，为了改良马的品种，他多次到国有农牧场购进三河马，购进改良品种马，不断地改良着自己的马群。现在，他的马群中多数是改良品种马。小的时候，他经常骑着爸爸调驯的马匹参加各种比赛，并获得了奖项。苏木的比赛、旗里的比赛、盟里的比赛以及区级的比赛，他都参加过。有一次，参加区里组织的1万米速度赛马，他还取得了冠军，而且还破了纪录，这些荣誉给了他动力和鼓励，他爱马、养马的积极性更高了。

2015年6月15日，我们慕名来到锡尼河西苏木西博嘎查巴图苏和家，他家正在筹备一场庆丰收的家庭那达慕。在草原上搭上了帐篷，附近的牧民前来帮忙宰羊、煮肉、做菜，忙得不亦乐乎。妻子索优勒玛跑前跑后指挥着，而巴图苏和则仍然是骑着马在草原上赶着马群奔波。他的妻子对我们说，他这个人整天就知道他的马，每天都要骑着马去马群看一看，要不他心里不舒服。从草原乘马疾驰而来的巴图苏和穿着传统的布里亚特蒙古族服饰，脚蹬一双高鞠黑色马靴，头戴一顶布里亚特尤登帽，腰扎红色绸带，策马乘风疾驰，显得英俊潇洒。走近眼前的巴图苏和，他黑红的脸上挂着笑容，一脸的和善相。同我们握手时，他的大手显得强劲有力，他用生硬的汉语笑着对我们说：“你好！”坐在我们面前的巴图苏和一直在给我们的碗里斟奶茶，当我们问起他养马的事时，他只是一直笑而不答，偶尔说一句生硬的汉语来回答我们。还是他中专毕业的妻子索优勒玛给我们充当了翻译员和解说员。接受过教育的妻子索优勒玛十分理解丈夫巴图苏和的心意、为人和做事。她对我们说，巴图苏和深知自己文化水平不高，受苦不少，所以坚持培养一双儿女上学，只要孩子能考得上学就会一直供他们读书，让他们做有知识、有文化的人。不能像他自己那样没文化，不懂知识，跟不上时代发展的步伐。

说到养马，妻子索优勒玛说，他们养马也有许多困难，首先是草场不够用，放马的空间越来越小了。马进到别人的草场，人家要把马赶出来，还会告他们的马破坏了人家的草场。再者草原上的网围栏太多，有的马跑进围栏里出不来，找不到出口，就会在围栏中渴死了；还有的马从围栏上跳出来把肚子划坏、划伤；有的网围栏在草地上，马看不到，绊到腿上，把腿划坏了。他家每年还要有几匹小马驹被野狼吃掉，现在还有人偷马，把马赶走给卖了。每年都丢失几匹马，而且遇到灾年，马吃不到草就得买草喂养，因为自己家草场不够喂，每年他要花费 10 万元买草喂牲畜。尽管养马困难重重，但还是阻挡不住巴图苏和养马的热情，

巴图苏和在自家草场上

每年秋季卖马的季节，巴图苏和在马群中走来走去，哪匹马也舍不得卖，但是不卖又不行，需要钱来买草、买机械，供孩子上学。所以每到卖马的秋季，巴图苏和就很纠结，也很无奈。不得不选出十几匹马忍痛割爱，交给买马的老客，至于卖多少钱，他从来都不问，那不是他关心的事情。妻子索优勒玛对我们解说着这些，讲述着这些，此时我看到坐在我身边的巴图

苏和眼里面满是晶莹的泪水。一个草原汉子，是什么让他这样动情，是他饲养的这些草原上的精灵蒙古马，是和他相依为命的这群马。每当妻子提到他的马时，我看到他的表情都十分激动。有人说，草原文化是情感文化，草原牧人对草原上的花、草、鸟、山、石、树，对自己饲养的五畜都怀着深刻的情感。此时，我在巴图苏和的身上深深地理解了这一点。

妻子索优勒玛继续对我们说：巴图苏和的父亲经常教育他们要听党的话，帮助贫困的牧民。他自己也以身作则，曾经把自己家的牛捐给贫困户，巴图苏和母亲也是这样。去年春节，老母亲拿出自己积攒的1万元钱，分发给嘎查贫困户，每户500元钱。两位老人经常对他们说，嘎查的牧民是有优良传统的，国家主席都来过我们嘎查，嘎查人要保持荣誉，教育后代听党的话，保护好草原，养好牲畜，过好生活。巴图苏和虽然没有太多的话语，但他是遵照父母的教导去做事的，他勤劳努力，用双手建设美好的家园，这都是在完成父母的心愿……

巴图苏和（左一）与牧民朋友在一起

结束了访谈，巴图苏和夫妇送我们到他家大门外，我们的车子在草原深处行驶，广袤的草原上牛羊成群，绿草如茵，一片祥和的景象。和谐草原来自于像巴图苏和这样牧人的辛勤与汗水，更来自于他们一颗颗向善、向上的心。我们在心中默默祝愿牧马人巴图苏和家五畜兴旺，生活幸福！

套马能手德日琴

柏 青

不知道德日琴的下一辈人是怎样的牧民，但现在我们面前的这位牧马人之子德日琴却显得踏实、阳光、乐观、向上，全身充满了活力和阳刚之气。

德日琴

德日琴是鄂温克旗伊敏苏木年轻的套马手之一。1989年出，他生于伊敏苏木的阿贵图嘎查，爸爸是厄鲁特部蒙古人，妈妈是该嘎查的达斡尔族牧民。

德日琴之所以能成为一名套马能手，是因为他出身于牧马人之家。德日琴的爷爷就是当时生产队里的一名马倌，直到年岁大了，放马体力不支了，才转行做了羊倌。德日琴的爸爸接过爷爷手里的套马杆成为嘎查里的一名马倌。爸爸在嘎查放马近20年，直到牧区改革，牲畜作价归户时为止。因为爸爸是嘎查的马倌，本人又爱马，所以除了家里分得的几匹马以外，爸爸又用牛羊换了几匹，就是这些马逐步发展到今天的100多匹。德日琴的大姐夫是伊敏苏木小有名气的驯马手，德日琴有不少套马、驯马的本事都是跟大姐夫学的。他的爸爸不教他套马、驯马，怕他一旦学会套马、驯马，就整天想着骑马，不好好学习了，其实爸爸是真的猜透了德日琴的心事。还在学校上学的时候，德日琴就总是想着骑马、套马的事，盼着放学后回家就能骑上马在草原上飞奔。如果爸爸不让骑家里的马，德日琴就去骑大姐夫家的马，并向大姐夫学驯马。到后来，爸爸还是没能管住德日琴骑马、套马的爱好。德日琴的二姐夫是该苏木伊敏嘎查的牧民，也是个爱马之人，家里也养有200多匹马。所以，德日琴能成为爱马人，与这么多爱好马的亲戚、朋友有很大的关系。自己家的马虽不让骑，但德日琴无论到哪家都能骑到马，骑着马在草原上奔驰。

德日琴上小学后，爸爸就尽量不让他多接触马，怕他玩马影响学习成绩。其实此时控制他骑马为时已晚，德日琴早已养成了爱马、骑马的嗜好了，这也是缘于放马的爸爸。在德日琴五六岁还未上学的时候，爸爸就骑着马驮着德日琴到马群里，到放马的朋友家去聊天，聊的时间长了，小德日琴就与爸爸马倌朋友的孩子们一起骑马玩，大人们在蒙古包里喝茶、喝酒、聊天，小孩子们就在外面的草原上骑马玩，并帮助大人赶马、圈马。7岁的时候，德日琴就开始骑马参加比赛，一直到十七八岁。10多年的工夫他不是骑自己家的

马背上的德日琴

马参赛，就是骑朋友、亲戚家的马参赛。那时候草原上的赛马活动比较多，有家庭式的赛马活动，有几家人联合组织起来的小型赛马活动，有嘎查组织的赛马活动，有民间活动敖包会、丰收会举办的赛马赛事，还有苏木举办的那达慕上的赛马活动。德日琴由于个头小、身材瘦，最适合参加骑马比赛了。比赛的成绩不主要，牧区举办的这些赛事活动重在参与，完完全全就是群众性的体育娱乐活动而已。爸爸不教他套马、驯马，他就偷偷地跟姐夫学。由于他勇敢、敏捷，很快便掌握了熟练的套马本领。一般附近若有套马活动他都参加，并表现突出，受到同龄人的称赞。一般，年轻人套2岁小马，4岁以上的大马就由成年人套，因为年轻人力气不够，拽不动大马。2010年春天，他们嘎查和附近的吉登嘎查联合组织民间活动套马比赛。在100多匹的马群中套2岁小马，每个嘎查出5名年轻套马手，这是一项计时比赛，看10分钟内哪个嘎查的选手套中的马匹最多，结果是德日琴所在的阿贵图嘎查获胜了。德

德日琴在调驯马匹

看谁的力量大

日琴所在队的选手们，在10分钟内套住了17匹2岁马，该队其他套马的小伙子们都很钦佩德日琴的表现，赞扬他是套马高手。德日琴说，套马的关键在杆子马，所谓杆子马就是套马时套马手骑的马，是经过专门训练出来的。如果这杆子马要是好的话，就能很好地配合主人，只要是主人想套哪匹马，这杆子马就紧盯着这匹马追，一刻也不放松，等主人套住马后，杆子马又立即配合主人用力，帮助主人拽住被套的马，只有与杆子马配合默契了，套马手才能顺利套住马。调驯一匹杆子马需要很长时间，一般马匹在二三岁时被选中为杆子马后就要定向调养培训，有的要调驯一两年，有的要时间更长一些。杆子马能领会骑手的意图，听从骑手的指挥，与骑手配合默契了，就算基本调驯成功了。套马手有一匹称心如意的杆子马那是最自豪的事了。

德日琴说，学驯马，从马背上摔下来的事常发生，当时摔得很痛，但大人们却不以为然，不会那么大惊小怪，只是把马抓回来后又牵到我们跟前，意思是你还要接着骑这匹马，摔跤是无所谓的事，这点痛算得了什么呢？我们牧马人都是这样被摔过来的啊！久而久之，德日琴也不在乎了，反正浑身的伤有很多，破皮出血更是家常便饭。一次，他从马上摔下来，把锁骨摔折了，但这丝毫没影像他对套马的热情，伤好后他继续骑马、套马、驯马。德日琴也有些忧虑，现在像他一样的年轻人，爱马、骑马、驯马、赛马的人越来越少了。据他估算，伊敏苏木共有8个嘎查，像他这样爱马、玩马的人不足50人，这和他爸爸那个年代比差远了。那时候牧区的年轻人，人人会骑马，人人会摔跤。德日琴说，不知道以后我们的孩子更会是什么样的啊！

是的，不知道德日琴的下一代人会是怎样的牧民，但现在我们面前的这位牧马人之子德日琴却显得踏实、阳光、乐观、向上，全身充满了活力和阳刚之气。

套马①

套马②

套马③

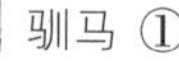
驯马 ①

驯马 ②

驯马 ③

驯马 ④

骑乘 ①

骑乘 ②

骑乘③

骑乘 ④

争雄

再铸辉煌

踏着父辈的足迹

柏 青

他干的这份事业，从表面上看是源于他自身的爱好与父辈的熏陶，从深层来看，则源自骨子里那草原民族所崇尚的英雄情结与桀骜不驯的高傲品性。

王宏元

王宏元是鄂温克族自治旗职业中学马术专业班的管理者兼教练。因为我们想要采访几位马术专业班的学员，所以与王宏元约好请他为我们的采访提供方便。

王宏元我熟悉，20世纪80年代中期我俩同在刚刚组建的旗第三中学任教。我教中学语文，他是刚从师范学校毕业的青年教师，大概是毕业于师范学校的体育专业，所以到校后担任学校的体育教学工作。当时旗第三中学刚刚组建，从师范学校分配十来名毕业生到校任职。这些刚毕业的师范生给刚组建的第三中学带来了生机与活力，宏元活泼爱动，血气方刚，经常与学校的其他青年教师一起组织一些文体活动。把学生们的体育活动搞得有声有色，篮球、足球、田径成绩样样都在旗里教育系统数得上号。记得一次，宏元带领学生参加足球教学比赛，比赛中学生踢到了他的踝关节造成粉碎性骨折，使他落下终身残疾，在病床上躺了好几个月。他那种敬业奉献的精神至今让我记忆犹新。后来宏元改行做行政工作，至于他从何时起改行做马术教练的我就不大清楚了。大概马术教学与他所学的体育专业多少有些联系吧。

宏元的办公室位于旗职业中学马术专业马厩旁的一间小屋子里，办公室周围都是圈着高头大马的马厩，这些高昂着头的大马，不时把地板踏得咚咚作响。宏元告诉我，他还有一间办公室，但他不愿去那里办公，他就愿意和这些高头大马在一起，听它们那高亢的嘶叫声和蹄踏地板咚咚作响的声音。宏元的办公室很狭小，除一张办公桌几把椅子之外，摆的都是马笼头、马缰绳、马鞍、马镫、马鞭一类的马具物品。不知什么时候，宏元喜欢上了茶道，用比较讲究的泥壶沏茶给我喝，我们一边品味着茶叶的醇香，一边谈论着要采访的几位马术教练的情况。对这些教练宏元十分了解，把他们每个人的个性特点、特长爱好、专业发展等都向我们做了详尽的介绍。宏

王宏元（中）与骑手们交流

元说他是以旗政府干部的身份，被借调到旗职业中学的马术专业，负责协调管理马术专业的日常工作，这一借调就是6年。6年来，他与这些教练、这些马匹一起风里来雨里去，对每匹马的习性、特长也都熟悉了、了解了。说起这些，宏元如数家珍。听到马匹的马蹄声他就能分辨出这是哪匹马；看马的精神状态，他就能知道饲养员与教练员的工作状态。

说起马来，宏元的话匣子就打开了，滔滔不绝地讲了起来。历史上人与马的关系，发达国家马业的发展，我们国家目前马业发展的态势以及旗里为什么要培育国家名马“三河马”。他说：“在20世纪60年代，呼伦贝尔有两个种马场，一个是鄂温克旗的大雁种马场，一个是额尔古纳的三河马场，两个马场均隶属海拉尔农牧场管理局。20世纪70年代，两个马场相继解散。由于体制原因，大雁种马场曾与旗里的巴彦嵯岗苏木合并过一段时间，在合并期间大雁种马场的马与巴彦

训练场上的王宏元

近几年王宏元管理的马术专业班所获奖牌

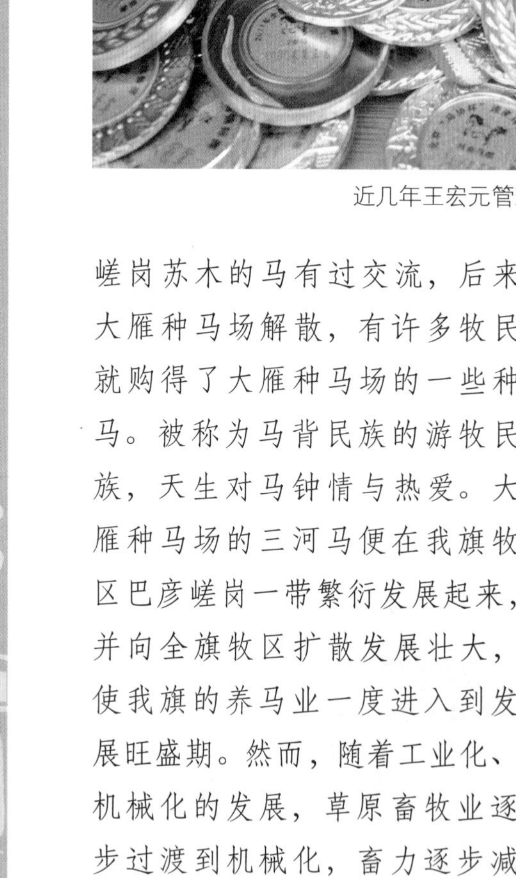

嵯岗苏木的马有过交流，后来大雁种马场解散，有许多牧民就购得了大雁种马场的一些种马。被称为马背民族的游牧民族，天生对马钟情与热爱。大雁种马场的三河马便在我旗牧区巴彦嵯岗一带繁衍发展起来，并向全旗牧区扩散发展壮大，使我旗的养马业一度进入到发展旺盛期。然而，随着工业化、机械化的发展，草原畜牧业逐步过渡到机械化，畜力逐步减少，马匹数量也随之下降，万马奔腾的草原美景越来越少见了。千百年来与马为伍、与马为伴的草原牧民显得有些彷徨与无奈。但随着改革的不断深入、思想的不断解放，草原文化得到了发扬光大，马文化也随之得到了弘扬与发展。与此同时，马产业也在草原上蓬勃兴起，草原牧人的情感得到了释放，牧民的养马积极性空前高涨。在此基础上，我旗成立了全旗性的马业协会，旗政府于2008年又成立了三河马繁育改良基地。马业协会从宏观上指导、协调、服务于全旗马产业的发展，引导牧民科学养马，因地制宜改良马品种；指导牧民要瞄准国际马产业发展的方向，向先进国家的养马业看齐。我旗养马业滞后的症结就是产业化发展，没走市场化的路子，这些短板必须补齐，根源在于马的品种不适应市场化的路子。所以，改良马的品种是当务之急，而品种的改良非一朝一夕的事，是需要几代人的努力才能完成的蜕变。做这样的事是功在千秋、惠及子孙的大事业，不可能急功近利，所以不被人们看好。但有识之士与为牧民谋福祉的人必须要做好这件事，要坚持不懈地搞下去，才能循序渐进地出成果。发达国家都有名马，我们国家为什么没有？我们有养马的牧民群众做基础，有良好的牧场，有国家验收认证的三河马品种优势，这些都为培育新型的三河马提供了有利条件。我们的三河马耐力好，英国纯血马速度快，它们二者的结合加上优秀的育马者的努力，必定能培育出优良的耐力马，填补我国在世界上无名马的空白。新三河马要求必须达到75%的老三河马血统与25%的英国纯血马血统，才能称得上是新三河马，新三河马应该是完美的耐力马，让我们的优秀选手骑着国产的耐力马去争战国际耐力赛，那将是马行业的奋斗目标。现在，三河马繁育基地已经繁育出近百匹半血母马，母本是我们当地优秀的三河马，父本大部分是澳洲进口纯血马，这些半血马是为繁育新三河马做基础母马的。”宏元一口气给我讲了这么多，从与他的谈话中我了解到原来宏元还兼任着旗马业协会常务副会长，难怪说起马业来他的底气这么足呢。看来这些年他在鄂温克旗马业发展上确实做过不少的事。他接着对我说：“我领你看看我们这几年获得的奖项吧！我跟随宏元来到了他的办公室。他边走边对我说，我们的马术专业教练代表鄂温克旗马业协会参加了多场全国性的比赛，获得了很好的成绩。2012年参加全区少数民族运动会取得了3000米速度赛马第二名；2015年代表内蒙古参加全国少数民族运动会，取得5000米赛马冠

军、3000 米颠马第二名。在呼伦贝尔草原的各种赛事中获得的奖项就更多了。”说着我们便来到了他的办公室，他打开了几个大柜子，里面装着满满的奖杯、奖牌、奖状等。这些奖杯、奖牌、奖状，有国家级的、有自治区级的，还有呼伦贝尔市级的。这就是他带领这些骑手们在 6 年时间里摸爬滚打的见证，每个奖杯、每块奖牌都凝聚着他们的汗水、泪水，甚至是伤痛。我用相机一一拍下了这些奖杯、奖牌。宏元又从他办公桌的抽屉中拿出一本书递给我说：“老张，这是家父出版的书。”我接过书一看，书的封面上写着《实用草原养马学》。宏元对我说，他的父亲叫希古尔嘎，1960 年毕业于山西农业大学，专攻畜牧专业，与他的母亲两人是同学。毕业后双双被分配到海拉尔农牧场管理局，一生与草原畜牧业打交道，把毕生精力都献给了草原育马事业。宏元的父亲是对我国三河马培育工作做出贡献的学者之一，曾作为访问学者到日本研究和讲授马学数

近几年王宏元管理的马术专业班所获奖杯①

年。退休后，又来到草原上帮助发展马产业，培育马品种。直到体力不支才不得不离开他心爱的草原畜牧事业。这本书就是他父亲毕生经验的总结，给后人留下了多年积累的经验、探索的成果，以便后人更好地发扬光大。即便躺在病床上，老人家还在说等病好了就去鄂温克旗，再多培养些育马人才。我恍然大悟，原来宏元这是在子承父业啊。这也让我找到了他爱上马业这一行的理由了，我们的聊天也就此结束了。宏元说他要到训练馆里去骑一圈马，他说一天不骑马，身上就不舒服，恰好我也想拍几张照片，就与他一起来到了马术训练馆，只见教练与学员们在骑马练习着科目，宏元牵来一匹马，翻身上马在场内奔跑起来，他当年领着学生拼搏在足球场上的影像又出现在了我的脑海中，虽已年过半百，但宏元仍不减当年之英气，干事业有着那样一股子热情与执着……

望着宏元骑马奔驰的背影，他干的这份事业，从表面上看是源于他自身的爱好与父辈的熏陶，从深层来看，则源自骨子里那草原民族所崇尚的英雄情结与桀骜不驯的高傲品性。祝愿你和你的团队，不断取得新的成绩，为草原添彩，为祖国争光！

近几年王宏元管理的马术专业班所获奖杯②

马业协会秘书长宝山

柏 青

没事的时候，他就会骑马到草原上飞奔，到养马的朋友家里聊天。平时，他就精心饲养自己心爱的骏马，打扮这匹骏马。

宝　山

出生于20世纪60年代中期的宝山，是鄂温克旗巴彦嵯岗苏木的畜牧助理员，同时，他也是这个苏木马业协会的秘书长，而且还是一位马倌。

2015年4月29日，我们前往巴彦嵯岗苏木，走访了这位身兼数职的蒙古族基层干部。在巴彦嵯岗苏木的办公室里，个子不高的宝山，手里拿着几个档案本子，用蒙汉语向我们介绍巴彦嵯岗的马业发展情况。巴彦嵯岗苏木的马业发展现已逐步形成规模，从二三十年前的几百匹一跃发展到现在的5000多匹。养马大户多的养了几百匹，少的也有几十匹。巴彦嵯岗苏木马业发展之所以迅速，主要是因为这几年受大环境草原文化发展的影响，激发了牧民心中早就蕴藏着的养马热情。草原牧民对马的热爱是来自骨子里的，草原上不能没有马，草原畜牧业的五畜中马占据着主要地位。巴彦嵯岗马业的发展还依赖养马大户的带动示范

作用和开展的“传、帮、带”活动。特别是近几年组织起来的马业协会，更是把养马大户联系了起来，共同交流磋商马业发展的前景，大家经常集会，研究饲养管理中遇到的难题，改良中碰到的问题，疾病的防治，等等。特别是在苏木政府的大力支持下，旗科兴马业发展有限公司在苏木成立了改良配种站，马业协会积极组织会员参与其中。目前，全苏木已有近百匹马进行了人工改良。

在说到近几年巴彦嵯岗的马匹在各级各类比赛中获奖较多的情况时，宝山说，主要是因为马的改良和调驯。在马的改良方面，历史上在苏木附近曾有个大雁马场，马场中有许多良种三河马。巴彦嵯岗苏木曾和大雁马场合并过一段时间，合并期间集体的马群、牛群都在一起放牧，苏木的本地马与大雁马场的三河马进行了改良交配，这使苏木本地马的品种得到了改良。牲畜包产到户后，又把大雁马场的种公马分到每个养马户家中，并给每匹种公马建立了档案。说着，宝山就把放在桌子上的一本档案打开，翻到一页种公马登记表，表格上记载了种公马的名称、烙印

1996年，鄂温克旗首届赛马节，宝山（右二）的赛马获1000米项目第三名

的型号、出生年月、品种、毛色、体高、头大、肩宽、来源地等详细信息，并有牧民家马群的基本情况及养马人的信息，内容很是详尽。宝山说，建立这样的档案对马的品种繁育、改良、养殖有很大的帮助作用。苏木与大雁马场合并那几年，把苏木马的品种数量等都提高了一个档次。后来，牧民们也都探索出了规律，一般几年就要给马群换一次血。他们会到附近的农牧场、种畜场买良种马，将其放到自己的马群，改良马的品种。这就是巴彦嵯岗苏木的马之所以在各类比赛中获奖的主要原因。

在谈到自己养马的经历时，宝山便滔滔不绝地讲述起来。他养马就是一种爱好，宝山的父亲当时是苏木的干部，那时候，苏木干部每人有一匹马，这匹马就是交通工具，平时父亲不下乡时这匹马就被养在家里，下乡时就备好鞍具骑乘走访到各牧业点。宝山十分喜欢父亲的这匹马，每天放学后回到家里，他都会把这匹马牵到草原上去放，放马回来后又给马喂饲料、饮水，他与这匹马建立了深厚的感情。有时候，他还骑着父亲的马与小朋友们赛上一程。父亲骑马下乡了，他就到生产队

宝山（右）接受笔者采访

帮助大车老板儿喂马、饮马。那时候会到附近的莫和尔图河里去饮马。每当生产队的大车老板儿同意他去饮马时，宝山都会乐坏了，骑上马就往莫和尔图河的河边跑去，在河边饮了马再骑着马慢慢走回来。再有，宝山家的一位邻居是苏木有名的养马能手，宝山有时间就去他家看人家如何调驯马，并把驯马的知识一一记在了自己心中。后来，宝山的哥哥从学校毕业回乡，到生产队里当了一名马倌，这对宝山来说更是一件高兴的事，宝山一有时间就去生产队的马群里，帮助哥哥放马，在草原上骑马奔驰他觉得是最幸福的事了。

1985 年，宝山有了自己的第一匹马。他没事的时候就骑马到草原上飞奔，到养马的朋友家聊天。平时，他就精心饲养自己心爱的骑马，打扮这匹骑马。有一次，宝山在草原上遛马，遇到一个马倌在撵马，可被撵的马怎么也不走，总是绕着跑，惹得马倌很是生气，对宝山说，这马卖给你吧。因为我昨天就往回赶它，就是赶不回去，看来它不想往回走，就留在这里吧。宝山说，可以啊，你要多少钱呢？那马倌说，你给 500 元就行了。就这样，宝山有了第一匹骒马。接着，他又从村里的养马人手中买下一匹骒马，放入朋友的马群中。就这样，几年下来，宝山的马发展到近 10 匹了。他又买了一匹公马，组建了自己的一个小马群。慢慢地，宝山的马群如今已发展到 100 多匹了。他把自己的业余时间都交给了这群马，只要一有时间他就会骑上马在

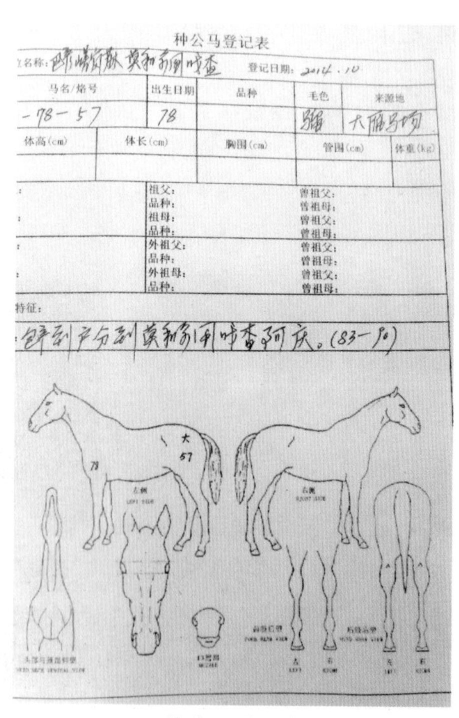
种公马登记表

登记日期：2014.10

马名/烙号	出生日期	品种	毛色	来源地
-78-57	78			

体高(cm)	体长(cm)	胸围(cm)	管围(cm)	体重(kg)

祖父：
品种：
祖母：
品种：
外祖父：
品种：
外祖母：
品种：
曾祖父：
曾祖母：
曾祖父：
曾祖母：
曾祖父：
曾祖母：
曾祖父：
曾祖母：

特征：

种公马登记表

马群中巡视。利用自己小时候学的调马技术，他还亲自调驯马匹，参加各类比赛。1996年，在全旗首届赛马节上，他的马获1000米项目的第三名。1997年，在内蒙古自治区成立50周年大庆活动的赛马项目中，他的马获1000米项目第三名。2001年，在呼伦贝尔市那达慕大会上，他的马获5000米颠马项目第二名。2004年，在内蒙古民运会上，他的马获5000米颠马项目第三名。宝山在带着赛马出去比赛的同时，也把握住了与其他选手、养马人交流学习的机会，他把学到的经验不断运用到自己的实践中，使自己调驯马的技术不断提高。宝山对我们说，我们这里的马大约能活到30多岁，最好的年龄段在七八岁到十五六岁，马的各项指标最好。从经济效益来看，好的马目前能卖到2万～3万元，不好的马就只能卖肉了。宝山说，自己的马不能再发展头数了，就保持这些数量，主要功夫下在质量的提升上。因为发展头数受人力和草场的限制。当年全苏木只有几百匹马，现在增长到近5000匹，草场有一定的压力，草场上又多有网围栏，树林中还有铁丝套子等，套住马腿马就走不动了，渴死饿死情况的时有发生。附近又多开发种植业，马群进了麦地、油菜地就要被罚款，这令养马人感到很无奈。

听到这里，我们也感到养马业是存在不少新的问题亟须解决，需要我们认真研究，找出对策。接着，宝山带领我们走访了几位苏木的养马大户。见到这些养马人，宝山就与他们交谈起来，并商量一些马匹改良的事情，这是他作为马业协会秘书长的职责啊。牧区马业要发展离不开这样的组织和这样的领头人啊！

马王斯日古楞

柏　青

在当地若提到他的名字——斯日古楞，或许有人会不知道，但当你问当地牧民谁是最厉害的驯马手时，大家会都异口同声地告诉你：“我们的‘马王’——斯日古楞。”

斯日古楞

鄂温克旗锡尼河东苏木罕乌拉嘎查47岁的鄂温克族牧民斯日古楞爱马、养马、驯马、赛马，是远近闻名的驯马高手。在当地若提到他的名字——斯日古楞，或许有人会不知道，但当你问当地牧民谁是最厉害的驯马手时，大家会都异口同声地告诉你:“我们的‘马王’——斯日古楞。”

2015年6月24日，我们在锡尼河东苏木苏木达助理布仁满都的陪同下，驱车前往草原深处的罕乌拉嘎查。草原上的通信比较发达，手机信号覆盖到了草原的深处，带领我们前去采访的布仁满都就出生在苏木所在地，与“马王”斯日古楞也比较熟悉，知道斯日古楞的手机号，并与之通话联络，说明我们前去采访的意图，“马王”斯日古楞欣然同意。我们在6月的呼伦贝尔草原深处驱车疾驶，越野车在百花盛开的呼伦贝尔草原上飞奔。在“马王”斯日古楞的手机通话导航下，我们来到了一片樟子松林边缘的草地上，在郁郁葱葱的樟松林地旁，在如绿毯般的草原上，一幢红砖墙白铁皮屋顶的房子显得格外醒目，砖房西侧是砖瓦结构的牲畜棚，并由红砖砌成的院墙围着。门前有几处拴马的木桩，木桩上拴着几匹高大俊俏的锡尼河马。砖房旁停着一辆改装的212小型带厢汽车，车厢上有铁管做成的栏杆，栏杆上也拴着几匹瘦高的三河马。早已知道我们要来采访的斯日古楞与一青年牧民在房门口热情地迎接了我们。刚一进屋一股浓郁的肉香味扑面而来，看来是为我们的到来准备了上好的食物——手把肉。因为草原路途较远，我们辗转到达罕乌拉嘎查“马王”斯日古楞家时已是中午时分，到了吃午饭时间，我们客随主便留在“马王”家吃午饭。一进屋，就看到墙上挂着的大幅照片，许多都是“马王”斯日古楞与马的合影，多数是在赛马现场与获奖马的合影。照片旁边还挂着许多奖章、奖牌。屋子里到处摆放着马鞍具、马笼头、马鞍、马绊等马具，我们似乎一下子进入了马的世界之中。中等个子且略显消瘦的斯日古楞，说着一口流利且标

2013年，斯日古楞在新巴尔虎右旗那达慕

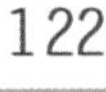

斯日古楞与妻子

准的蒙古语，汉语虽讲得生硬但很准确，见到我们满脸的笑容。桌子上早已摆好了点心，“马王”的妻子给我们端上热腾腾的奶茶，我们喝着香甜的奶茶，话题便转入了斯日古楞爱马、养马、驯马的故事中。

斯日古楞出生马倌世家，他的爷爷当年就是当地有名的马倌，爸爸也是当时生产队里的牧马人。在斯日古楞四五岁的时候，爷爷就把他放在马背上自己牵着马走，斯日古楞天生就爱马，一到马背上他就兴奋不已。七八岁的时候已能独立驾驭马匹，骑马自如了，并且多次参加附近敖包会举办的赛马比赛，还多次拿到奖项。上学后的斯日古楞只要放学后回到家，就会骑上爷爷的马去马群赶马，在草原上策马扬鞭飞驰是他当时最高兴的事，这种兴趣和爱好一直保持到今天。47岁的斯日古楞，现在参加各类赛马比赛，都是骑着自己亲手调教的赛马去的。不像其他养马人、驯马人，都有专门的小骑手骑马参加赛马。斯日古楞说，骑着自己从小养大的马、自己亲自调驯的马参加比赛，人与马配合得十分默契，人了解马的性情，马也知晓人的心情，彼此配合起来得心应手。他十分排斥赛马找小骑手的做法，说那样是对马的不尊重，当然那样做也是为了减轻赛马的负重，对赛马也有一定的好处。但那样做，毕竟人与马的情感不融通，配合不默契，合作会不愉快，这是斯日古楞对赛马的理解。当我们问他，你这样亲自骑马参赛还能骑多久时，他回答说，我爷爷骑马骑到70岁，我估计我能骑到60多岁没问题。说到60多岁还自己亲自骑马参加比赛，不管这是“马王”斯日古楞的自信还是将来能实现的事实，能够说出这句话，我觉得他就配得上这“马王”这个称号了。说话间，手把肉煮好了。女主人把满满一木盘的手把肉端上来放在桌上。斯日古楞打开一瓶白酒，给每人斟满一杯，然后按照民族习俗，先用吃肉的小刀把木盘中手把肉的不同部位分别割下一小块，捧在手

1992年，斯日古楞（左一）在锡尼河庙会赛马中获第一名

中，并庄重地戴上帽子虔诚地捧着这些肉走出门外，向东、南、西、北不同方向草原的抛撒出这些肉食，意为敬天、敬地、敬先人。然后回到屋中，他摘下帽子，再按客人年龄大小分别割一块手把肉递上，请大家享用。这是草原牧民吃手把肉的习俗。然后，他举杯提议喝酒，大家尽力而饮，并不过分劝酒，在席间我们也没有间断过关于马的话题。只要提到马的话题，他的双眼中就会闪烁出异样的光芒。坐在我们身旁的年轻人来自是陈巴尔虎旗的鄂温克族牧民。到斯日古楞家是来当学徒的，专门学习斯日古楞养马、驯马的技艺。他每年都要来一两次，住在斯日古楞家十几天，跟着斯日古楞一起放马、驯马、喂马，其间向斯日古楞学习养马、驯马的技艺。斯日古楞说，在呼伦贝尔草原上，他有这样的徒弟几十位，大家会经常到他家跟他学养马、驯马的技艺。在长期的养马、驯马过程中，斯日古楞还学会了相马、看马，给马治病，做简单的包扎、放血疗法、做手术等，给马喂药、点滴他都会。附近的马有病了都来找他治疗，甚至有些母马不孕不育，他也能用草药治好。经常有远在几百里外的牧业四旗的牧马人或者是他的徒弟给他打来电话，咨询马的一些情况。特别是遇到一些疑难问题都请他出面解决，所以“马王”斯日古楞也是个大忙人。他说自己家的活儿也顾不过来干，人家来找你去给马治病，不去不好，一去就是几天，耽误了

在奖牌前，斯日古楞很开心

斯日古楞到上海世博会参观马术表演

自己家的活儿。尽管这样，只要牧马人来找他，他都会马上带着医疗器械骑上马跟着牧马人前去给病马医治。经他治好的马数量不少，这些被他治好的马匹还参加了赛事获了奖项。这样，斯日古楞的名声就在草原上传播开来，远近不少牧马人都慕名而来，也都满意而归。对附近草原上的马群，斯日古楞也都熟悉了解，只要有他看中的2岁小马驹，都被尽量买回来调教、驯养。目前，他家中已养30多匹马，其中有十几匹赛马，只要草原上举办赛事，他就会按照赛程要求，选择不同的马匹，把马匹装进改装的212车厢中，自己开车前往比赛场地。头一天晚上就要到达比赛地点，比赛当天一般早上两三点钟就开赛，因为那时天气凉爽，马跑起来爽快，如果天气太热了，马就容易跑坏伤身。因为赛程是长距离的10千米、20千米，对马的体能消耗太大，所以赛事必须适时进行。斯日古楞说，当他骑着自己调驯的马站在赛场的起跑线上时，根据马的状态，他就能预测出自己的马在该场比赛中否能获胜。如果自己的马在赛场上表现出兴奋、张扬、愉悦的情绪，那就一定会取胜。如果自己的马在赛前表现出焦躁、郁闷、沮丧的情绪，那就不会取得名次，这种判断能力他是从经验中总结得出的。

对不同的赛马要有不同的调驯、饲养方法。如果是跑短距离的赛马，需要爆发力，就适当饲喂一些精饲料；跑长距离的马，就喂当地的碱草，这种草营养价值高，马吃了有耐力。斯日古楞有1匹9岁的三河马，取名叫“802”，这“802”是农用拖拉机的名字，给这匹马取此名的意思就是这匹马有力气、有长劲。这匹名叫“802”赛马名副其实，在去年的各项赛事中，它共获得了17次冠军，今年到目前为止它也获得8次冠军。它是斯日古楞的一匹功勋马，为他立下了汗马功劳。今年6月18日，在参加旗里的

斯日古楞调驯准备参赛的马

瑟宾节赛马活动时，它分别获得1000米、2000米两个项目的第二名。第一名都由旗里马业协会的半血马获得。对此，斯日古楞很有想法，他说：马业协会养的专业赛马不能和我们牧民养的马参加同级别比赛，因为我们毕竟不是专业的赛马，要有所区分才对。此次比赛如果没有专业的半血马参赛，那斯日古楞的三河马“802”就应该是冠军了，这一点毫无疑问。

“马王”斯日古楞养的30多匹马，多数是本地锡尼河马和三河马。他说他养的是纯种的锡尼河马，这种纯种的锡尼河马目前在全旗只有40多匹了，他的弟弟和妹妹家的孩子各养着十多匹这样的纯种锡尼河马，其他所谓的锡尼河马都是改良后的品种了。在比较锡尼河马与三河马的不同之处时，斯日古楞说：“锡尼河马腿细、脖子粗、鬃稀少、长相好看、有耐力，适合跑长距离；三河马有速度，爆发力强，适合跑短距离。要调驯好一匹当地赛

斯日古楞（右）与弟子合影

马，大约需要一年的时间，时间短了不行，各方面素质上不来。”斯日古楞还说他就要养好锡尼河马，保持好锡尼河马的种群，防止这一品种的退化和异化。谈话间，他爱人已将一大摞红色证书放在了桌上，并说，这是这些年斯日古楞赛马得到的证书和奖状，还有很多都弄丢了。我们一一翻阅这些证书和奖状，有嘎查苏木级别的，还有旗里、市（盟）里级别的，每一本证书都印证着“马王”斯日古楞的驯马成果，都是他与爱骑共同获得的荣誉。我们让“马王”在这些证书、奖章前拍照，他笑得合不拢嘴。同时，他自己提出要骑在马上拍照，于是我们来到他家门前的草原上，他特意穿好民族服装，骑在他心爱的马背上，在满是鲜花的草原上踏浪，一种惬意和骄傲洋溢在他黑红的脸庞上，在照相机的取景框里观看，我真真切切地感觉到他是一位名副其实的“马王”！

20 千米速度赛马

柏　青

赛马，是草原民族的传统体育赛事之一，有长距离赛马和短距离赛马，也有颠马比赛和米日干车比赛等。冬季那达慕还有马拉爬犁比赛。

起跑

每年的6月18日，是鄂温克族的传统节日“瑟宾节”。每年的瑟宾节都要进行赛马、摔跤、射箭等传统比赛活动。在我参加的一次瑟宾节里，旗里准备搞20千米长距离速度赛马，在媒体上做了广告，据说附近旗县的不少骑手都会前来参赛，我也邀请了几位影友准备前去拍照。

赛马，是草原民族的传统体育赛事之一，有长距离赛马和短距离赛马，也有颠马比赛和米日干车比赛等。冬季那达慕还有马拉爬犁比赛。近年来，草原那达慕节庆活动中，又搞起了马术表演、障碍马术表演、抢银碗表演及骑马绕桶比赛等。一般的短距离比赛，就是骑手骑马在赛马场上跑圈，赛程为1000米、2000米、3000米、5000米、10000米不等，我们在草原那达慕上都见过。而长距离的比赛则少见，特别是20千米长距离的比赛更是少见，这就要求骑手和马匹得起大早，因为早晨天气凉爽，马匹长距离赛跑较爽快，身体会较舒适，

你追我赶

如果天热马跑长距离就会受伤，容易患病、累坏、病倒。我们都少见这种长距离的赛马活动，所以抱着一种好奇心，来观赏、拍摄这场比赛。

6 月 17 日清晨 4 时许，我们便乘车出发到海拉尔至东旗公路 177 千米处。以 175 千米处为起点，向回返，返回到 155 千米处为终点，恰好是 20 千米。赛道一路都有各色彩旗作为标志，当我们赶到起点时已有不少骑手到了，但还有三五成群的骑手从草原的四面八方向起点涌来。小汽车、拉着马的大卡车也在向起点方向涌来。工作人员拉上了一条白色绳索作为起跑点，并挂起了彩球。此时，大约有 100 多匹马了。大多数赛马都是由儿童骑乘，赛马的鬃毛和尾巴上都拴上了彩绸，孩子们的身上也都扎上了彩带、头上戴了彩帽，马背上只备了简单轻松的鞍子，赛马个个精神抖擞，孩子们骑在马上也都显得很兴奋。我问了工作人员有多少匹马参加比赛？回答说报名的选手已超过 200 名了，还有来自外地的如通辽市和邻近旗、市的选手。我把镜头对准了有

场地赛

特点的儿童骑手、马匹。据有经验的选手说，比赛中能否获得名次，在赛前观察骑马的状态就能预测出来，在比赛中能获胜的马匹，赛前就显得兴奋、自信，高昂着头，一副信心满满的样子。赛马很有灵性，在同类中它们很快就能感觉到自己所处的位置。根据这些经验，我就选取那些昂着头的高头大马拍照。看到有些老牧人将瓶中的酒洒在马的胸前、四条腿上，似乎是祈求吉祥，祈祷胜利、平安。当我正在认真拍摄时，不知什么原因，马群忽然向前奔跑了，可还没有发令啊？此时，我正在对着马头拍摄，只见赛马从我的左右飞驰而过，我来不及躲闪，险些被赛马撞倒。我见有几位摄影者因躲闪不及被赛马撞倒了。其实，有经验的摄影者曾告诉过我们，拍摄马群时不必害怕马，马是不会撞人的，它会尽力躲避人的，只要你站在那里不动就行。可是，看到马群飞奔而来，哪个还敢那么淡定地站在那里啊。那些被马撞倒的摄影者，其实都是被马刮倒的，因为他们左右乱跑，马也是躲闪不及才把他们刮倒

在草原上奔驰

的，不是撞倒的，如果他们站在那里不动，马便会从他们的左右奔驰而过，绝不会碰到他们，这是经验之谈。只见此时有工作人员正手持扩音器大喊：等一等！等一等！还没发起跑令呢。可奔跑的马群哪管得了那么多，骑在马上的都是少年，他们只顾向前策马扬鞭，已顾不上左右一切，最后工作人员很无奈，只得顺应了事。大家只得乘车追随在赛马的后面，向终点驶去。我们几位影友回到车上后，也驱车向终点方向奔去。此时，在茫茫绿色的草原上，红色、白色、黑色的骏马在飞驰，小骑手们身穿着色泽鲜艳的彩服，头上扎的红绿色彩带在草原上迎风飘扬，赛马手们各自显示了各自的本领，大家你追我赶、互不相让，在马背上默契地与马配合着，适时引导调整马的方向与速度，使赛马的奔跑张弛有度，保持体力，以达到终点。其中，也有人与马配合不当的，小骑手从马背上被甩了下来，这时，赛马只顾向前奔跑，与其它赛马一争高低，根本顾不上自己背上刚驮着的小骑手了。看到此场景，大家在车内好一

冬季那达慕赛马

阵大笑，这就是牧区，这就是牧民们的那达慕，有些随意、有点自娱自乐的味道。与目前竞技场上的利益驱使比较，这赛事显得很自然、随意，乐趣无穷。我们的车子到达终点时，第一匹赛马也到达了终点，我们赶紧下车拍了几张照片。此时，见到迎面奔来的第二名是一匹空骑，骑手虽已落马，但马还是跑完了全程，跑到了终点，大家又是一阵欢笑，虽然没有骑手驾驭，可赛马自己却跑到了终点，看来是紧紧跟着第一名的赛马呢。有人开玩笑说，这也应算是名次啊，你看人家多遵守规则啊。不久，终点呈现出一片繁忙景象，工作人员在记录着先后到达终点的马匹，赛马的主人在寻找着自己的马，跑完全程的小骑手又骑马向终点外的草场跑去，去遛一遛自己的赛马。比赛结束后，不能让马一下子停下来，要让马慢跑一段时间后再慢慢停下来。人们则围着得了名次的赛马在热烈地谈论着，好不热闹！这就是我参加的一次难忘的长距离赛马活动。

呼其乐与他的“罕利金”

柏 青

要说起他心爱的赛马，他最钟爱的还是那匹“罕利金”。这匹马为他争得了许多荣誉，也从此让他与马结下了不解之缘。

呼其乐

今年36岁的鄂温克族青年呼其乐是巴彦嵯岗苏木兽医站的一名兽医。他从小爱马，喜欢马，中学毕业后考上大专，学的是畜牧兽医专业，这也缘于他对马的爱好。

呼其乐的爷爷是巴彦嵯岗苏木阿拉坦敖希特嘎查的老嘎查达。20世纪80年代，嘎查的一匹母马掉进河里走不动，爷爷把这匹母马救起并带回家中精心饲养，这匹母马慢慢恢复了健康，不久便生下了小马，从此呼其乐家就有了马匹。呼其乐最喜欢和家里的小马驹玩耍，并经常赶着小马驹到草原上放牧，待小马驹吃饱后，再把它赶回来。在呼其乐五六岁还没有上学的时候就学会了骑马，一有时间他就与马玩耍，他的童年是在马背上度过的。自从上学后，呼其乐就开始骑马参加比赛了。嘎查举办的那达慕会上，牧民来办的丰收会、敖包节，他都会骑着马去参加，并获得多个奖项。要说起他心爱的赛马来，他最钟爱的还是那匹“罕利金”。这匹马为他

争得了许多荣誉，也从此让他与马结下了不解之缘。

那是在呼其乐五六岁的时候，爸爸领着苏木一位爱马的老人，到陈巴尔虎旗的哈达图牧场去挑选三河马，爸爸和那位老人在哈达图转了几天，走访了几个马群，终于选中一匹3岁小马，花800元钱买回家。爸爸没事的时候就与叔叔商议怎样调驯这匹马，并按照他们的计划一步步实施。他们给这匹小马做规定动作，并从饲料、饮水、训练、休息等多方面按规程调训它，并定时叫呼其乐骑乘这匹小马。从此呼其乐便经常骑着它在那达慕上参加比赛。爸爸和叔叔也教呼其乐在比赛中如何与马配合、怎样了解马的习性、发现马在赛跑过程中出现问题该怎样处理等。每次参加比赛回来，小呼其乐都会给爸爸和叔叔讲述一番马在赛程中的情况、自己与马配合的情况。爸爸和叔叔耐心听着呼其乐的叙述，并指点他以后在比赛中需要注

呼其乐与自家的马

1997 年，在庆祝内蒙古自治区成立 50 周年那达慕大会上获 5000 米赛马亚军的白鼻梁子马

意的事项。

呼其乐的“罕利金”成长到七八岁时，是它的体能最好时期，它驮着呼其乐在全自治区各类比赛中频频获奖，让呼其乐在马背上占尽了风光。1992 年，在呼伦贝尔盟那达慕大会上，“罕利金”获得 3000 米赛跑第一名，5000 米赛跑第二名。1995 年，在全区少数民族运动会上，获 5000 米赛马的第五名。1997 年，在内蒙古自治区成立 50 周年大庆那达慕大会上，获赛马 5000 米第二名，跑了 6 分 26 秒，打破了自治区纪录。1998 年，在鄂温克旗建旗 40 周年大庆那达慕大会上，获 3000 米赛马和 5000 米赛马第一名。2000 年，在呼伦贝尔那达慕大会上，获赛马 5000 米第七名，之后这匹马就很少参加大型比赛了。由于在这些重大比赛中获奖，“罕利金”也成了功勋马，在呼其乐家中享受着功臣的待遇。没有比赛的时候，这匹马在家中只是干套车送牛奶这样的轻活儿，其余大部分时间都是在草原上自由自在地成长。呼

其乐的父亲还要根据季节及天气的变化情况，随时给“罕利金”添加各种营养饲料，甚至还有鸡蛋、白糖、小米这样的上等营养品。“罕利金”也不客气，如果它身体缺营养了，或者馋了，就拱着家里的门，叫着向人要吃的，给了吃的，它就不叫了。它在附近的草原上吃草时，如果家里想让它回来，只要敲一敲家里的铜盆，它听到声音后就会朝家的方向跑回来。就这样，呼其乐的这匹功勋马“罕利金”一直活了30多岁，最后是无疾而终，主要是它的牙齿全都老掉了，吃不了草了，吃的草都被它吐出来。“罕利金”走后全家人都很怀念它。

现在，呼其乐家中养有80多匹马，一匹红色的赛马，是呼其乐学着父亲和叔叔的做法自己调驯的，属于三河马品种。2002年，在呼伦贝尔那达慕大会上，这匹赛马在1万米赛跑中

呼其乐与他的功勋马——野鸡红色三河马

获得第四名；在苏木敖包那达慕的20千米长距离赛马中获得第一名。它还在其他比赛中获过奖项。后来，这匹马的腿坏了就退出了比赛。目前，呼其乐自己正在调驯着两匹2岁小马，是他自己按传统方式加科学方法调驯的，并请牧民的孩子骑乘，因为自己已是成人了，再也不能骑马参加比赛了。说到他正在调驯的小马，呼其乐脸上露出了自豪、自信和喜悦的笑容。

打马印 ①

打马印 ②

打马印 ③

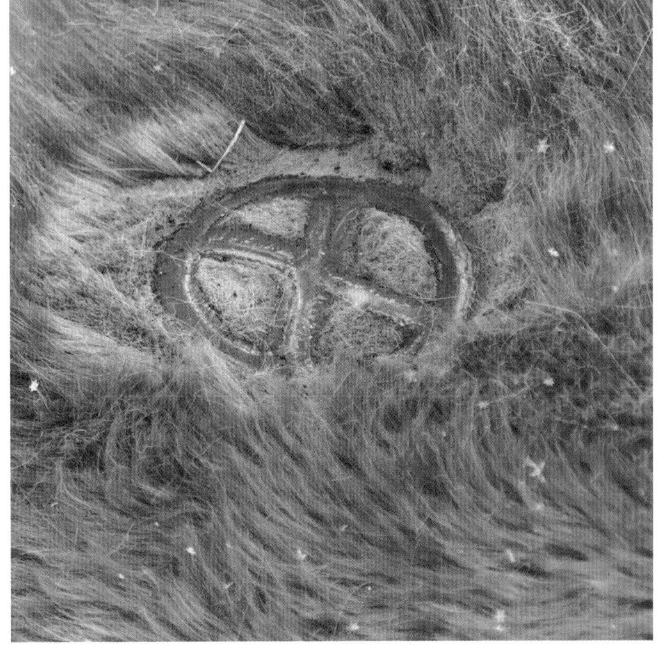
打马印 ④

骟马 ①

骟马 ②

骟马 ③

骟马 ④

马术 ①

马术 ②

马术 ③

草原牧场

执着传承

制作马鞍是乌力吉尼玛的挚爱

柏 青

退休后的乌力吉尼玛，对制作马鞍具产生了浓厚的兴趣，他把自己的所有精力都放在了制作马鞍具上。其实，这也是他对马的爱的延续。

乌力吉尼玛

年过六旬，退休后赋闲在家的乌力吉尼玛，现在每天的工作就是照顾年逾九旬的老母亲。其余时间他就坐在沙发上，点上一支烟，一边喝着奶茶，一边观赏把玩着自己制作的马鞍具。摆在客厅里的这些马鞍具都是他自己精心制作而成的，他抚摸着马鞍具上每一根皮条、每一个钉扣，思绪随着这些器物，回到了他的童年、他的少年……

乌力吉尼玛出生在原索伦旗特尼河苏木一个鄂温克族牧民家里。6岁时，他随父母迁入原莫和尔图苏木（今巴彦嵯岗苏木）居住。莫和尔图可是个名人辈出的牧村，有清代名将鄂温克族的海兰察，有民主革命先驱达斡尔族的郭道甫先生，还有蒙古族经典歌曲《敖包相会》曲作者达斡尔族的通福先生等，他们都出生在这个小牧村。乌力吉尼玛与游牧民族的后代一样，自小对草原上的马有着莫名的喜爱。乌力吉尼玛家就住在当时苏木办公室的附近。那时候，苏木干部每人都配有一匹马，干部下乡工作都得靠骑马，正如内地的人们所说的那样：苏木

乌力吉尼玛在制作马鞍

干部都是骑着马来上班的。苏木也有几个专门饲养这些马匹的马倌，为苏木干部的马喂草料，并负责为马匹诊病、治疗等。小时候，乌力吉尼玛只要吃完饭了就会跑到苏木院子里，看马倌给马喂草料，给马刮痒痒，等到乌力吉尼玛稍大些上学后也是如此。学校一放学，他就赶紧回家做老师布置的家庭作业，做完作业后就径直跑到苏木院里看马倌给马喂草料，也学着帮马倌干点自己力所能及的活儿，慢慢地接近这些马儿，有时也帮助马倌给这些马喂草料，甚至会替马倌牵着马跟在马倌后边走。等乌力吉尼玛稍大一点儿，马倌就扶他上马，让他骑着马去河边给马饮水，时间长了，给马饮水的活儿就落在乌力吉尼玛的身上了。这些马儿也都熟悉他了。只要一有时间，乌力吉尼玛就会来苏木办公室帮马倌干活。那时候，苏木的哪匹马叫什么名字，哪匹马生小马驹了，乌力吉尼玛都记得清清楚楚。等到乌力吉尼玛去海拉尔中学上学也是如此，只要学校放假，回到家后，他照样到苏木办公室大院帮助马倌饲养马匹。中学时期学校放寒暑假他也要到生产队参加劳动。

精心雕琢

他到队里劳动时就和生产队领导提出是否能让他放马或干赶马车一类与马打交道的活，每每他也都能如愿以偿。比如生产队秋天打草，他就干堆草的活。这活是骑着马作业的，由马拉着机器堆草，一天骑在马背上，乌力吉尼玛也不觉得累，因为他能和挚爱的马在一起，便觉得开心惬意。

中学毕业后，乌力吉尼玛回到嘎查参加牧业生产，成为一名回乡的知识青年。当然，他回生产队劳动还是如愿以偿地成为队里的一名马倌，放牧着生产队里的200多匹马。放马在草原上奔驰，乌力吉尼玛才觉得青春得意。他认真跟老马倌学习放马的经验，掌握驯马的本领，很快他就熟悉了队里的这200多匹马。马群中的几个家族他都搞清楚了，放马的基本常识他也掌握了。什么季节到什么草场上放马，风雨天怎样放马，雪天如何放马，这里有很多学问。对于这些，热爱马的乌力吉尼玛大体都掌握了。本来他想就这样在草原上做一名牧马人了，后来，国家恢复了高考制度，家里人都支持他继续求学，在家人的鼓励下，他考入师范学校，毕业后直接

参加了工作。在城镇里工作的乌力吉尼玛从那时起便很少接触马了，一天就是从家到单位，从工作单位到家，过着这两点一线的生活。偶尔回到草地，乌力吉尼玛还是会到养马的牧户家中去看看马，这样他觉得心里很舒畅。

1995年，组织上任命乌力吉尼玛为巴彦嵯岗苏木党委书记，他又回到自己的家乡工作了，又有机会接触马了。但是，现在的苏木干部干工作时使用的交通工具基本上都是小汽车了，根本不像当年的干部那样骑马上下班。作为当地书记的乌力吉尼玛在全苏木倡导牧民发展马产业，弘扬马文化。他每年组织全苏木召开那达慕大会。在那达慕大会上举办各种类别的赛马活动，激发牧民养马的积极性，牧民们养马的匹数一年比一年多，广大牧民不但乐于参加苏木那达慕大会的比赛，还到旗里、盟里以及外旗参加赛马比赛。有一年，全盟那达慕大会上所有赛马项目的各项冠军都被巴彦嵯岗苏木牧民的赛马夺得。这样，牧民们养马的积极性更高了。乌力吉尼玛在巴

一丝不苟

彦嵯岗苏木工作的那几年，马文化在全苏木得到了很大发展，马匹的数量也大幅增长。后来，因工作变动，乌力吉尼玛又被调回旗里直属机关工作。但是，他对马的热爱却一点儿也没有减少，他仍然关心着巴彦嵯岗苏木的马文化发展、马产业的壮大。2005 年，巴彦嵯岗苏木举办牧民那达慕大会，他建议苏木举办马文化展览，并主动承担起展览的策划、布展等工作。在会场搭建了两个马文化展览蒙古包，蒙古包里放置各种有关马的实物、照片、文字解说等，并在展厅中放有马奶、马奶酒和酸马奶，供观赏者品尝。此次展览收到了很好的效果，让游客与牧民进一步了解了马，了解了马在草原文化中的地位，马产业在现代社会中的作用等。乌力吉尼玛把展览的实物照片制作成小册子向游客发放，进行广泛宣传。后来，旗里成立马业协会，乌力吉尼玛当选为秘书长。在全旗马业协会上，他竭力倡导马的品种改良，鼓励牧民走科技养马的路子。在建旗 50 周年全旗那达慕大会上，乌力吉尼玛又负责会场上有关马文化的展览项目。他搜集整理资料及实物，拍摄、制作展板，

乌力吉尼玛制作的雕花图案

忙了好一段时间，使全旗马文化展览如期展出。展板与实物有机结合，摆满了整整两个大蒙古包，马头琴的乐曲在蒙古包中回荡，一件件马具、一幅幅图片，彰显出自治旗建旗50年来马业发展的历程，此次展览受到领导和社会各界的好评。

退休后的乌力吉尼玛，开始对制作马鞍具产生了浓厚的兴趣，他把自己的所有精力都放在了制作马鞍具上。其实，这也是他对马的爱的延续。由于年龄大了，他又居住在城镇之中，骑马的机会越来越少了。乌力吉尼玛就把对马的热爱寄托在这些马具上了。他抓住各种机会虚心求教，与牧民老马倌交流，向牧民学习马鞍具的制作技艺，并购买了很多书籍，从书本中学习相关知识。无论外出到城镇还是到乡村，他都要到古玩市场去转一转，主要就是淘一些马的用具。他曾在北京古玩市场见到一对银马蹬，几次光顾均因其价钱不菲而不敢收入囊中。后来，陪他同去的哥哥知道了他的心意后，就

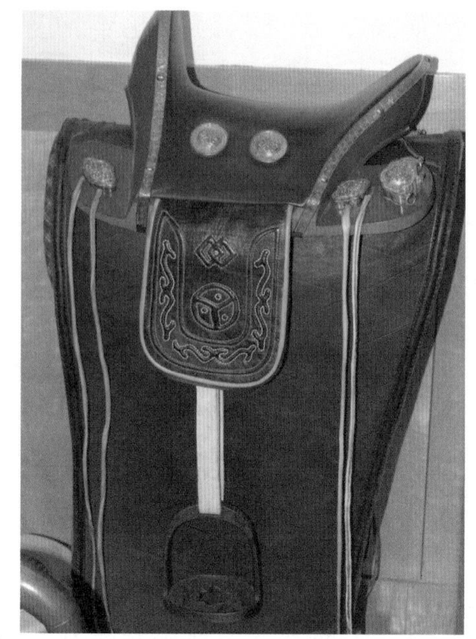
制作完成的马鞍

正在制作中的马鞍

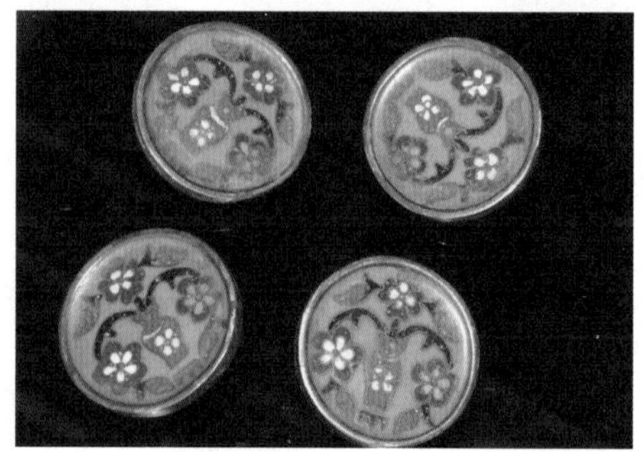
收藏的马具饰品

对他说，只要你喜欢就狠下心买了吧。在哥哥的支持下，他买下了这对银马蹬，现在他仍然珍藏着这对银马蹬，时不时拿出来欣赏把玩一番。他还用这对银马蹬做模，制作出了不少精美的马蹬。乌力吉尼玛住在居民楼里，这给他的制作带来了些许麻烦，他只能把需要加工的物件拿到楼外加工，然后再回到楼里，把毛毯铺在地上，在上面进行组装与加工。现在，他更多的是找人加工，这样省时省力，他只需把这些按他要求加工好的零件拿回家中组装便可。虽然少了很多制作中的乐趣，但毕竟这些马鞍具是他自己亲手完成的，乌力吉尼玛很享受这种快乐。现在，他能按用户的需求做各式马鞍、马具。他说，马鞍子是按地区划分的，整体相同但各有侧重，根据地区与民族的生产生活习惯而各有不同。他每年制作与修复马鞍具达二三十件，他的马鞍具越做越精、越做越好，很受当地牧民与外地爱马人士的喜爱。目前，他制作的马鞍具已销往呼和浩特、北京等大城市，更是被呼伦贝尔市牧业四旗牧民所钟爱。乌力吉尼玛说，他以后也将一直这样做下去，直到他体力不支、做不动为止。这在他心中是一种“永恒的爱”。

马鞍具制作艺人图明

柏 青

他制作的马鞍具还被北京、长春、呼和浩特、新疆等地的爱马人士看中、定做并购买。

图明

64岁的达斡尔族牧民图明是巴彦塔拉达斡尔民族乡大力嘎查的牧民。他曾经是这个嘎查的嘎查达，也曾是这个嘎查一名普通的马倌。现在他不再担任嘎查达了，放养着自己家近百匹马，成为名副其实的马倌。而现在，图明又多了一项新爱好，制作马鞍具。除了放马、骑马以外，在业余时间，他大多是在制作马鞍具。

2015年8月初的一天，我们来到图明居住在巴彦托海镇的一个平房小院里。院内搭建着一座马圈，马圈中拴着一匹骑马。欢迎我们出来的图明向我们介绍说，这是我租住的平房，一般从草地到旗里居住的牧民都租住楼房，但他为了骑马方便就租住平房。图明用达斡尔语掺杂着汉语继续对我们说，现在他每天早晨骑马到镇南面的草场上转一圈，来回走十几千米路的样子，与我一样有几位爱马的老哥儿们，也是骑马到镇南面的草原上转一圈。他们经常在一起边骑马边聊天，聊马、聊马具、聊马的赛事、聊马的故事。聊够了就各自骑着马回家了，如果没聊够，就到其中一位老哥们儿家，把马拴在院中的马厩里，然后坐在老哥们儿家中的沙发上，喝着热奶茶，继续聊。这些老哥们儿都是爱马人士，也都住在平房里，为的也是养马、骑马方便，才不到居民楼里去住。图明回到家后，就忙活起那些他制作的马具来。这些马具有马鞍子、马绊子、马缰绳、马嚼子等。只要是马身上的配饰，图明都能自己动手做。做这些马具是个细活，有的一小片皮子就需要缝制一天的工夫。妻子也是图明的好帮手，有需用针线手工缝制的或能用缝纫机缝制的，妻子就能帮上他的忙。他俩夫唱妇随，俨然一个爱马的家庭。这样一直持续到每年8月份的打草季节。到了8月份，图明就会和妻子到自己家的草场上去打饲草了，打完饲草后再运回家里。这收割饲草可是牧区最繁忙的活计了，也是最累、最辛苦的事情。直到10月末，打草这件大事才算完成。饲草都被运回家里，牧民就放心了，冬季下大雪牧民也不怕了，因

图明的妻子也是他的好帮手

为牲畜有足够的饲草可喂了。等到10月末，图明收割完饲草，并把饲草运回大力嘎查的家中后，就又同妻子回到巴彦托海镇的平房来住。回来的时候，图明骑着自己心爱的马并赶着另外几匹马一同回来，并会用拖拉机拉回一车饲草，放在巴彦托海镇平房的院里，以便冬季喂养家中的马。回到巴彦托海镇的平房，图明的生活又回归了常态，还是每天早晨到镇南的草原上去遛马，与爱马的老哥几个一起遛马、聊马、喝茶，下午仍然制作他的那些马具。总之，图明的生活中离不开马，也可以说，他从小到现在就没有离开过马。其实说起他制作马鞍具的缘由，就是爱马、骑马、养马的结果，他并不是专门学做马鞍具的匠人，他制作马具，纯源自爱马的心，这点和许多制作马鞍具的人一样，都是因爱马、骑马而转行来制作马鞍具的。

图明不断创新工艺

图明出生在巴彦托海镇，当时的巴彦托海镇叫南屯公社，他的爸爸是公社的干部。那时候，公社干部每人都有工作用马，下乡都会骑马去，马是主要交通工具。爸爸经常下乡回来把马拴在家里，给马喂草喂料的事就成了图明的活儿了。只要爸爸下乡回家后把马拴在家里的马桩上，其余的活儿就由图明来完成了。给马刷汗、擦身子、挠鬃毛、喂草、喂料、饮水，图明样样都干得仔细认真。所以，他跟爸爸的马建立了很深厚的感情，有时候他还要骑上爸爸的马在附近遛上一圈回来。爸爸虽然是公社干部，马鞍具

图明与他制作的马鞍

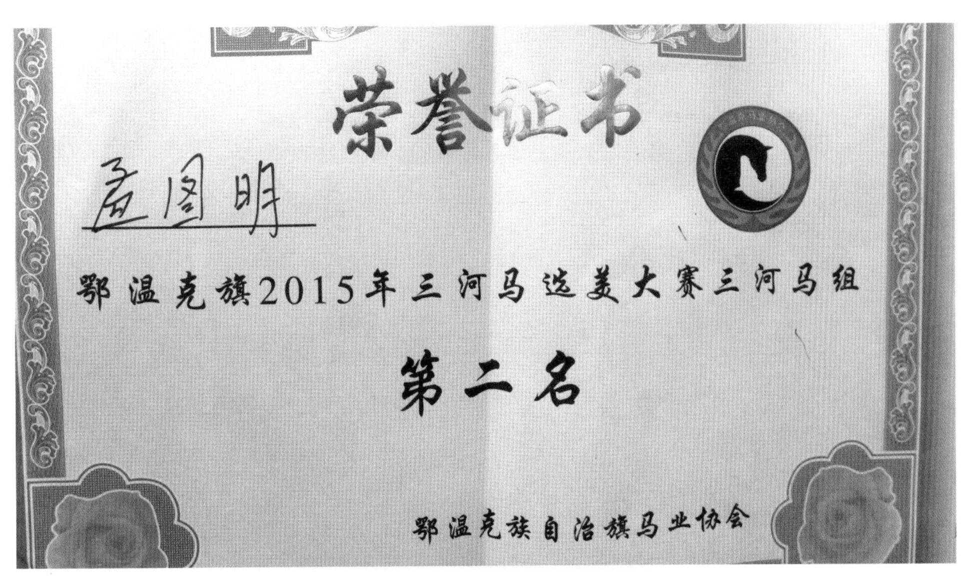

获奖证书

坏了、马缰绳断了还要自己修、自己做。那时候，图明就给爸爸打下手，也偷学着爸爸的手艺。1967年，图明从旗里半耕半读中学毕业后，就到当时的南屯公社胜利生产队参加劳动。他向队长提出请求，希望队里最好能分配他和马有关的劳动，赶马车、放马都行。队长答应了他的这一请求，让他先跟着队里的大车老板子学赶马车。赶了一段时间的马车后，马群管理岗位缺少人手，图明如愿以偿地成为一名马倌。马倌这工作虽说受人尊敬，但是其中的辛苦也是一般人承受不了的。首先要跟着马群走。夏天、秋天，马群顶风走，为的是驱赶蚊虫，避免被叮咬；冬春季节，马群顺着风走，为的是御寒取暖。这一走就是百八十里路，特别是放夜马时更艰苦，不跟着马群的话就怕马群会走丢，又怕小马被狼吃了，可晚上跟着马群走又困又累。若是夏秋季节尚好，若赶上冬季，特别是暴风雪的夜晚，那才叫个艰辛啊。那时的图明正年轻，晚上犯困，特别是深夜两三点钟是最困最乏的时候，他穿着皮衣、皮裤、毡靴，身上还要披上达哈。犯困的时候，他就用毡靴把脚下的

夫唱妇随

雪踢一个坑，手里牵着马缰绳，倒在雪窝里就睡着了。等自己的马吃遍了周围的草，要跟着马群走的时候，图明手中攥着的马缰绳被拽动，他就会马上从睡梦中醒来，赶紧拿起套马杆翻身上马去追赶马群。图明说，放马最遭罪的时候就是有暴风雪的冬夜，那时候马也最容易走失和走散，偏偏这时又正是草原狼群出没的时候。1972年，图明转入巴彦塔拉乡大力生产队，还是干他的老本行放马。当时生产队有200多匹马，有两个马倌轮换着放，马倌的生活是单调的，除了马群还是马群。春夏秋冬都是在草原上奔波，见了人谈论最多的除了马还是马，最合得来的就是马倌。见到其他的马倌，有着说不完的话。除此以外大家还会比试套马杆、马绊，谈论马鞍具。一起交流时，也就是在相互学习。图明在空闲的时候就琢磨着修理自己的鞍具，再帮助别人修理鞍具，所以发展到现在自己亲自动手制作马鞍具。

这样做着做着就越来越熟练、越来越精细、越来越讲究起来了。图明现在能做巴尔虎蒙古族使用的马鞍具，也能做达斡尔族和鄂温克族使用的马鞍具，还会做布里亚特蒙古族使用的马鞍具。虽然都是马鞍具，样式基本相同，但是根据各部族的生产生活习俗又都各有不同。图明掌握了这些不同部族使用的马鞍的制作方法。因此，附近的达斡尔族牧民、鄂温克族牧民和布里亚特蒙古族牧民都来找他做马鞍具。他制作的马鞍具还被北京、长春、呼和浩特、新疆等地的爱马人士看中、定做并购买。图明说，我爱马，进而学会了制作马鞍具，别人喜欢我制作的马鞍具，我很高兴，我会一直努力认真地制作每一套马鞍具，因为这是我的挚爱，也是我生活中不可分割的一部分。

马语者

——苏和巴特尔和他的纯种马

吴文杰

这马真是有灵性，而马与马群的交流、老人与马的交流，再一次深深地震撼了我，天地万物都如此充满了灵性，自然造化、天人合一、物我交融的真谛，如同西博草原的棵棵青草，真实且历历在目。

苏和巴特尔和他的纯种马

一位来自西乌珠穆沁草原的姑娘告诉我：没有蒙古人不喜欢马，他们把马当成朋友、兄弟，而不是牲畜。在草原上，没有马群的牧民是被人瞧不起的。另外，我还知道，真正的蒙古人是不吃马肉的。可见，马在蒙古人生活中的重要地位。

苏和巴特尔生活在内蒙古呼伦贝尔中部的西博草原，那里是布里亚特蒙古人的聚集区。草原上除了羊群、牛群外，还有规模不小的马群。它们在草原上或驰骋，或嬉戏，或休憩，是西博草原上一道独特的风景。马群和牛群、羊群不同。牛羊要专人放牧管理，一天也离不开人。马群则不同，它们处在半野生的散养状态，一个马群由一匹儿马（公马）统领，拥有自己的领地和马群，它们四处游荡，近的几里，远的几十里、上百里，马群的主人十天半个月看看马群在什么位置就行了，马群的生息繁衍完全由儿马来决定。

苏和巴特尔 70 多岁了，他的儿子曾是西博嘎查支部书记，

苏和巴特尔和他的马群

在他家柜橱最显著的位置摆放着“先进党员工作者”的奖牌。一家四口人，小孙子已经满地跑了。富裕的生活使苏和巴特尔不再从事放牧劳作，只专心饲养一匹青灰色的阿拉伯马。这匹马是花20万元引进的阿拉伯纯种马，作为种马来改良草原上的蒙古马。

一提起蒙古马，苏和巴特尔就有讲不完的故事，有的发生在身边，有的则是草原上的传说。

先说那个传说吧。

民国时期，盗马贼把呼伦贝尔草原那达慕大会上一匹夺冠的骏马偷偷地贩卖到了越南。奇怪的是这匹马竟然在3年后奇迹般地出现在原主人的毡包前，虽已是骨瘦如柴、遍体鳞伤，但精气神却一点也没变。至于它是怎么从越南逃脱，怎样越过十万大山，怎样渡过数不清的江河，怎样千万里找到草原家乡的，是永远无法解开的谜，所有这些只有马儿自己知道。苏和巴特尔说，想念故乡，想念主人是这匹蒙古马历尽千辛万苦、冲破重重难关回到草原的动力，有了动力就可以创造奇迹。

再说他的亲身经历。

早在大兴安岭禁猎前，苏和巴特尔还有打猎的嗜好。在

苏和巴特尔家的马群

草场不忙的时候，他就会约上三五个朋友去围猎。打猎的秘诀是要有匹好马和一条好猎狗，苏和巴特尔的坐骑一直是他引以为豪的，从不给他丢脸。那一天，他骑着马追赶一头黄羊，黄羊飞奔如箭，坐骑紧追不舍。突然那黄羊跃过一个溪涧，坐骑稍有迟疑也跟着跃了过去，就在落地的刹那却被溪涧边的乱石折断了腿。这个迟疑，被马背上的苏和巴特尔感知到了。马感到了跨越溪涧的危险，但是如果在岸边突然止步，那么马背上的主人就会像离弦的箭一样被抛出去，摔到河里。于是，马选择了危险，保住了主人。苏和巴特尔抱着在乱石中喘息的心爱坐骑，流下了眼泪。他知道，受伤的马只有“饮弹而死”一种结局，别无选择。

那匹马是苏和巴特尔心中的爱，风风雨雨在草原上伴随了他许多年，成了一日也离不开的老朋友。那匹马甚至会懂他的喜怒哀乐，苏和巴特尔有什么心里话都会和它说，说完了，苏和巴特尔还会拍拍马脖子，马儿点点头，或是用脸贴贴苏和巴特尔，他的一切烦恼心酸就释怀了。这匹坐骑不止一次救过苏和巴特尔的命。一次到朋友家

喝酒，苏和巴特尔多喝了几杯，上马时已然是东倒西歪。天黑了，遵照苏和巴特尔左右摇摆缰绳的旨意，马只能拐来拐去，走了几个小时还是没有找到家。后来，苏和巴特尔放弃了，掉下马来，躺地酣睡。正值寒冬腊月，在地上睡上几分钟人可能就会被冻死。那马不等他睡熟，就叼着他的袍子想要拽醒他，几次三番，他在迷糊中领会了马的意思，知道再睡着的危险，胡乱摸爬上马背却又睡着了。再次掉在雪地上时，睁眼看，已到了自家蒙古包前。老马识途，不用苏和巴特尔指挥，马就把他安全驮到了家。苏和巴特尔说，马从来不会丢下主人自己跑的，也不会让主人处于危险之中。

蒙古马也要改良，苏和巴特尔绝不是保守的人，他希望奔驰草原上的永远是优良的马种。西博草原上奔驰的锡尼河马就是由像苏和巴特尔这样的牧民精心培育出的蒙古马的优良马种。

阿拉伯马是世界著名马种之一，也是最古老的马种。它也是最早被人类驯服并成为人类最忠实的伙伴的马种。作为优良的乘用型品种，阿拉伯马当之无愧。阿拉伯马体形优美，

套马

苏和巴特尔的孙子们在玩骑马的游戏

结构匀称，运步有弹性，气质敏锐而温顺，易于调教，对饲养管理条件要求不高。阿拉伯马遗传性好，世界上许多马种，如英国纯血马、盎格鲁阿拉伯马都有它的血统，用它改良蒙古马收效良好。蒙古马个体小，但适应环境性强、体质强、少病、耐寒、不挑食、易饲养，适合在草原放牧。若把阿拉伯马与蒙古马杂交，会繁育出优良的马种，苏和巴特尔最大的心愿就是能改良一下草原上的马种。

见到苏和巴特尔时就看到这匹青灰色的阿拉伯马一直陪伴着他。老人不会讲汉语，直接和他交流颇感困难，大多需要靠人翻译。但他对这匹马的疼爱以及与马的亲密互动让我更加深信那位西乌珠穆沁姑娘的话，并切实感到马在蒙古族人的生活中不仅是朋友，更是兄弟。苏和巴特尔钟爱这匹青灰马，并一直邀请我来骑这匹马。我虽不会骑马，但并不畏惧骑马，只是看到苏和巴特尔这样疼爱这匹马，不忍心去骑它。苏和巴特尔一再用手势示意，

细细端详

耐心驯导

循循善诱

关爱有加

拗不过，我最后还是跨上了这匹骏马，体会了它的温顺、弹性的步伐，我在马背上感受到了自豪与荣耀，也理解了他让我骑马的用意。闲暇时，苏和巴特尔总是用一种慈祥、关心，甚至是疼爱的目光端详着他的马，像久别的朋友，像重逢的亲人，并时不时用手捋捋马鬃、拂拂马耳、拍拍马脸、捶捶马背，就像对待一个孩子、一个恋人。从他的动作中，你可以看出那份浓浓的情、蜜蜜的意。让人有些诧异的是苏和巴特尔还时常会对那匹马说些什么，因为是蒙古语，我听不懂。但从语调上却能感觉出那不是训斥，更像是窃窃私语，或是谆谆教诲，像老哥儿俩在拉家常，像两个好朋友在交流，更像是一对情人在交心。苏和巴特尔不但说，还唱好来宝、蒙古长调，唱的是蒙古史诗《江格尔》或是《格斯尔》——难道老人是在对这匹来自阿拉伯半岛的马进行本土的民族文化传统熏陶吗？这是我当时的感觉。

马和老人也有交流。在苏

和巴特尔远望天边的马群，或是陷入片刻沉思，或是和身边人交流过多时，那匹青灰马竟然用头顶他的背，反复地推他。老人回头对马笑笑，嘟囔一句。我问马为何用头推他，他回答了，我没听懂。但我猜测是马寂寞了或是感到被冷落了，要他骑上它去走走，不愿总在一个地方待着吧。果然，老人翻身上马，扬长而去。骑在马背上的老爹全然不像一位老人，满面春风、气宇轩昂。马也是昂首阔步、长嘶短鸣、兴奋异常，它就像一个小孩得到大人的同意领着出去玩耍一样，真不可思议！蒙古族素有“马背民族”之称。草原上的蒙古族人从学会走路时便学会了骑马，蒙古人的孩子三四岁时就被父母放上马背骑马，八九岁时就有了自己心爱的小马驹，从此和马一生相依相伴，形影不离。蒙古人最大的乐趣，是跨上马背，在草原上尽情驰骋。骑一匹追风骏马，自尊心得到了极大的满足。荣耀、陶醉，整个身心在升华。通过和苏和巴特尔短暂的相处，

谈古论今

心领神会

抚爱赞许

引吭高歌

我更加理解蒙古族人和马的特殊情感。可以说骏马是蒙古族人在自己所了解的客观世界中找到的一种寄托，它给人们带来了无限温暖和美好的憧憬。骏马的形象和对骏马的珍爱，构成了蒙古族牧民独特的文化观念和审美意识。蒙古族人的生活、蒙古族人的历史、蒙古族人的灿烂文化，无不与骏马有关。马已然成为蒙古族的象征。

这次来到西博草原，是来拍摄套马的。这时，有十来位牧民兄弟已经把大约五六百匹骏马赶到了我们的面前。马蹄声声，人欢马跃，西博草原一下子沸腾了起来。看着晚辈们跨马奔驰、信马由缰、高高挥动着套马杆，苏和巴特尔的心中一定也是热血沸腾的，昔日马背上的生活也一定在他的脑海找那个重现吧。但他还是牵着那匹青灰马同我们站在一起，像一位久经沙场的老将军在高瞻远瞩，指挥着千军万马。马群被挥动的套马杆驱赶得奔腾起来时，老人的脸上露出了得意的微笑；当骑手们成功地套

苏和巴特尔将孙子扶上马背

住一匹骏马时，老人又得意地点点头。那是他言传身教的技艺在青年身上得到了传承的结果，他的笑是欣慰的，比喝上一壶老白干还满足。他还把四五岁的小孙子抱上高大的马背，牵着马在草原上遛。晚辈人的马背生涯是他最为关注的。

在我们聚精会神地拍摄套马的宏大场面时，站在我们背后的青灰马突然焦躁起来，马蹄刨着草地，马头高高扬起，对着奔跑的马群发出一阵阵悦耳的嘶鸣声，马群也回应着。不知道是万马奔腾的场面感染了它而使它异常激动，还是它在为一次次机智地躲过套马杆的骏马加油鼓劲呢。苏和巴特尔回过头来，拽了拽马缰绳，那马便安静了下来，但头一直在摆动，眼睛一直在关注着马群的动向。这马真是有灵性，马与马群的交流、老人与马的交流，再一次深深地震撼了我，天地万物都如此充满了灵性，自然造化、天人合一、物我交融的真谛如同西博草原的株株青草，真实且历历在目。

作者简介：吴文杰，男，汉族。鄂温克旗摄影家协会副主席，呼伦贝尔市摄影家协会副主席，《呼伦贝尔摄影》杂志执行主编。

赛马裁判哈斯毕力格

柏 青

只要自己身体状况允许，他就会一直从事自己钟爱的这项事业，因为自己是马背民族的后代，更曾是草原上的一名骑手。

哈斯毕力格

年过半百、两鬓斑白、身体健硕、精神抖擞，这就是哈斯毕力格同志。哈斯毕力格就职于鄂温克族自治旗文化体育新闻出版广电局，任体育股股长。他出生在巴彦托海镇的一个鄂温克族家庭，父亲是一名每天骑马上下班的基层干部。哈斯毕力格也因此而从小就有机会接触到马匹，并喜欢驾驭马匹，最终成为一名小骑手。后来他中学毕业，考入体育专业学校，毕业后从事体育教学工作。1986 年开始，他便与草原上的赛马结缘，成为草原上赛马比赛的裁判员。30 多年来，他从一名普通的赛马裁判员，跃然成为一名赛马活动的裁判长，他喜欢这项事业，并努力为草原上的赛马活动奔波着。

草原上的娱乐活动，多以健身、娱乐为主，有广泛的群众基础，大家乐于参与。每个生长在草原上的男儿都要会骑马、摔跤、射箭。赛马是草原男儿的“三技”之一。过去，草原上很少有成文的赛马比赛规则，多数是民间的约定俗成。这些约定俗成因地区、民族的不同而略有差异。哈斯毕力格小时候玩赛马，几个小朋友骑上马到草原上就是一阵狂奔，大家你追我赶，不分上下，也不图谁能夺取第一名、第二名，纯属娱乐性质的活动。就是参加嘎查的那达慕或敖包会的赛马活动，也大致如此。只不过是参加比赛的马匹多一些，还有一些奖品而已。这也充分体现了草原赛马活动的群众性、广泛性和娱乐性，不强调竞技性。随着改革开放的不断深入，民俗文化不断繁荣发展，马文化、马产业在草原上也蓬勃兴起，草原上的各种文化娱乐活动日渐增多。丰收会、敖包会、庙会上都会有民俗体育活动，也都会有赛马活动，而且经过不断挖掘整理，与马相关的赛事活动越来越多、越分越细。这些活动就要制定一些可供人遵守的规则，因为哈斯毕力格在旗里的体育职能部门工作，他又爱好骑马、赛马，所以，嘎查与苏木的一些赛马活动及

哈斯毕力格（右四）在现场

旗里组织的一些赛马活动都请他去当裁判员。他也认真对待每次比赛，哪怕是嘎查组织的小型赛马比赛，他也要和组织者与选手讲清楚规则，尽量让参加比赛的选手们按规则行事。由他参与制定的这些规则都是在传统比赛规则的基础上，加以修改完善的，更加突出了公平、公正的原则，也尽量使广大牧民都能接受。每参加一次赛马活动，无论是大型活动还是小型比赛，他都会从中总结经验，不断修改与完善比赛规则，并广泛与同行进行讨论研究，与骑手交换意见，使规则更符合地区特点、民族传统并切合实际。哈斯毕力格通过长期参与赛马活动，同时借鉴其他地区赛马比赛的一些规则，将鄂温克旗的赛马活动原有的一些比赛规则进行了补充、修改、完善，使之更加规范。首先，将原来不规范的场地整改为 1000 米标准场地，将跑道宽度设为 20 米，设置有 10 个马位的标准马闸箱。其次，进一步完善原以到达先后顺序排列名次的做法，现改

正在认真研究赛事的哈斯毕力格

哈斯毕力格（左二）组织召开裁判员会议

为分组赛,以时间先后排列名次。再次，对颠马比赛犯规者，原以串步次数判罚，现改为以串步次数加时间（秒）的判罚规则。同时，他还协助苏木乡镇那达慕等相关活动，使赛马比赛的场地规范化，执行以时间计算名次，使苏木乡镇赛马项目比赛规则得到进一步完善。

鄂温克旗现在有全旗性的马业协会组织，各苏木乡镇也分别成立了马业协会，各嘎查也有牧民自发组织的马业协会，可以说马业协会组织遍布全旗。牧民的养马积极性不断高涨，马匹数量也不断增长。特别是牧民正在转变观念，逐步饲养改良马、纯血马、专业马。鄂温克草原上的各种节庆活动中的赛马项目不断普及，数量不断增加，独具特点的赛马活动有雪地赛马、越野速度赛马、越野颠马比赛、马爬犁比赛、颠马米日干车比赛等。哈斯毕力格组织专业人士和业余爱好者，为每一项活动都制定出符合实际的比赛规则，并按照规则来规范参赛选手。过去，马爬犁比赛随意性很大，哈斯毕力格协助修改了有关规则，原是单纯雪地越野赛，现增加了场地比赛顺序；原以到达先后排列名次，现改为分组赛，以时间先后排列名次，使比赛有了规则可遵循。对于米日干车的比赛规则，哈斯毕力格也出主意，参与协助修改规则，原以速度马为赛规，改为以颠马规则为准，使之逐步规范、完善。这些比赛活动正逐步走向规范化、常态化。随着鄂温克草原上马的品种不断增多，哈斯毕力格与他的同事们正商讨参赛马的分类工作。把纯血马、改良马、本地马分类进行比赛，这样能通过专业性的赛事带动业余赛马活动的广泛、深入开展。

哈斯毕力格自1986年开始担任赛马裁判以来，至今已有30年了。30年来，鄂温克草原上大大小小的赛马活动他基本都参与，身份也大多是裁判员。鄂温克旗举办的冬季那达慕大会至今已有十二届，每届冬季那达慕大会他都担任赛马活动的裁判长。每隔5年举行一次的自治旗旗庆那达慕大会，哈斯毕力格也担当赛马活动的裁判长。他说，只要自己身体状况允许，他就会一直从事自己钟爱的这项事业，因为自己是马背民族的后代，更曾是草原上的一名骑手。

赛马裁判员在比赛现场

马背情

——记鄂温克旗职业学校马术班教练那日红

柏　青

鄂温克族女青年那日红，不爱红装爱戎装。她执着地热爱着自己所从事的职业，她认为作为草原儿女，这是义不容辞的责任和义务。

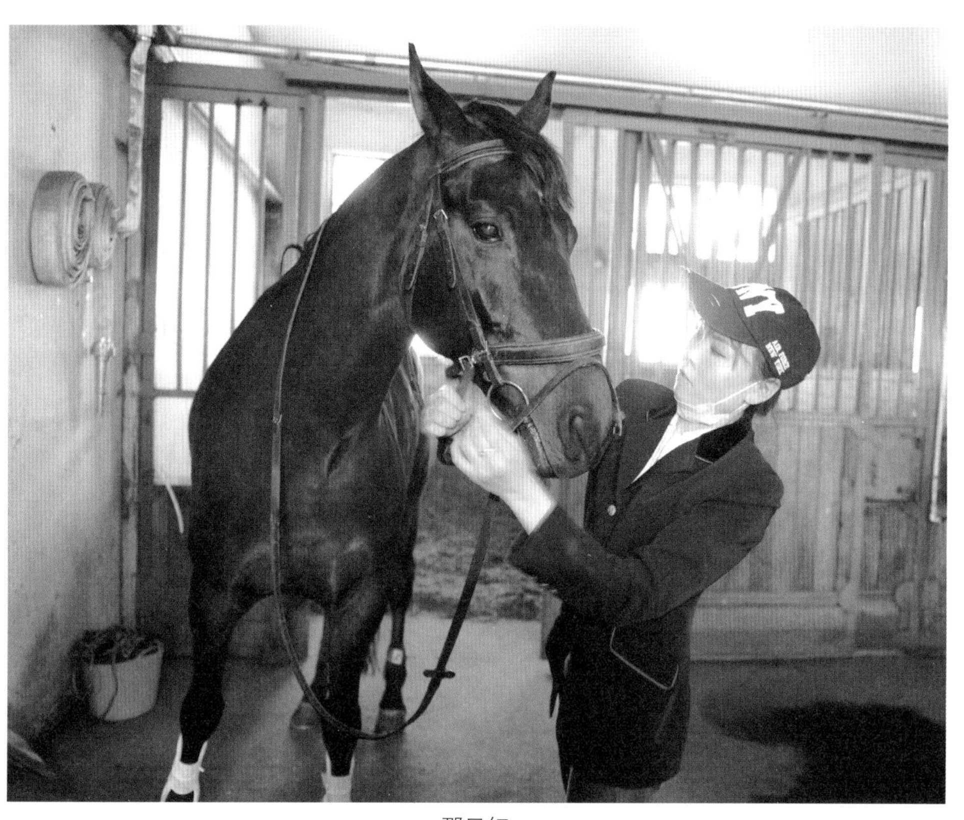

那日红

今年25岁的鄂温克族女青年那日红，是鄂温克族自治旗职业中学马术专业的一名兼职马术教练。2015年7月，那日红参加内蒙古自治区青少年马术障碍锦标赛，获得第四名，并获国家三级马术运动员资格证书。

那日红出生在鄂温克旗辉苏木哈克木嘎查的一个鄂温克族牧民家中，父母都是该嘎查的牧民，那日红还有一个姐姐。那日红跟她的姐姐不太一样，她从小就爱骑马，10岁左右，她就可以在敖包会或丰收会的赛场上策马飞驰了，可姐姐却不喜欢骑马，更不会赛马。那日红爱骑马是受叔叔阿拉坦巴雅尔的影响，叔叔经常给她讲草原上骏马的故事，并时常把小那日红放在马背上。慢慢地，小那日红便喜欢上了骑马，只要叔叔一来她家，她就要骑上叔叔那匹温顺的骑马，到附近的

草原上小跑一圈。叔叔经常对那日红说，草原上的孩子一定要会骑马，一定要和马交朋友，爱草原的孩子就一定要爱马，因为草原上不能没有马。那日红的骑术慢慢地娴熟了，叔叔就领着她去参加附近牧民举办的丰收会，嘎查举办的敖包会、那达慕会等。因为这些草原上的盛会都有赛马活动，叔叔就鼓励那日红参加这些比赛。草原上的这些娱乐活动，只要报名了就可以参加，不为取得名次，只为积极参与，也就是重在参与，并不看重名次的先后。那日红一般都会报名参加，有的时候还能取得名次。得到一块砖茶或一条毛巾作为奖品，那日红也会高兴好一阵子。从那时起小那日红想，如果能有一个职业是与马为伴的，那她一定要想办法从事这个职业。在她幼小的心灵中对马已经有了深深的眷恋。她对马的这种情感，家中老人都不鼓励，也不支持。家人认为女孩子要求学深造，选择职业应该考虑医生、教师等较为文静的工作。姐姐就通过努力学习考上了内蒙古农业大学，父母总是拿姐姐榜样来

那日红（中）与教练员的合影

教导那日红。然而，那日红自己心中有数，她那颗爱马的心在悄悄长大。高中即将毕业时，不少同学都与家长商议着该报考哪所高校、学什么专业，焦急等待着参加高考。可那日红的心思却全然不在这里，她就琢磨着哪里有专门教马术的职业学校，她就一定要报考这样的学校。正在这时，鄂温克旗职业中学要招收一批马术班学员，那日红心中暗喜，于是她放弃了参加高考的机会，毅然决然地报名参加旗职业中学的马术班。这事她没有和家里人商量，因为她知道和家里人商量的结果一定是通不过的，只有自己来做决定，让父母慢慢理解吧。那日红来到旗职业中学应考，顺利通过面试，并与20多名应招的高中生一同进入了旗职业中学马术班。因为这是那日红打心眼里愿意做的事情，所以来到马术班后的她感到很高兴，

马术场上的那日红

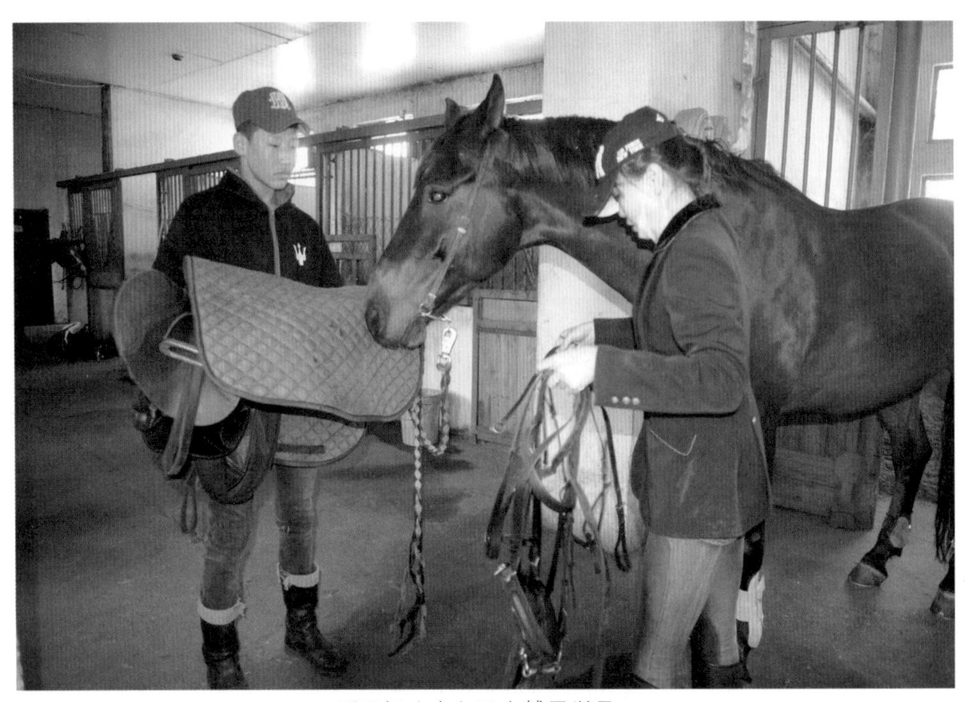

那日红（右）正在辅导学员

课堂上认真听专业教师讲理论知识，实践中认真按马术教练的指导操作，只要能与马做伴，那日红就感到快乐。学校里的这些外国洋马可真是娇贵啊，它们可不像草原上的蒙古马那样可以随意散放在草原上，待到想用这些马时，就骑马到草原上再把它们赶回来，套住马就能骑上了。学校里的这些洋马和人一样，是有作息时间的，喂的草料也不是随意的草料，都是要求有营养搭配的，料理这些马更要按科学方法有规律地进行。它们什么时间吃什么、喝什么，都有严格规定；什么时间做什么都是提前安排好的。因为这些洋马就是这样的品种，要定向培养它们的特长，适合速度型的就培养它的速度，适合技巧型的就培养它的技巧。只有这样培养出来的马才能在全区、全国甚至国际比赛中出彩；只有出彩了，这样的马才能发展壮大，才能走入市场；只有走入市场了，这样的马才不会绝种，才能繁衍生息。这是那日红经过理论课学习后才弄清楚的道理。在此之前，她也一直为草原上的马担忧。过去在草原上，马是重要的交通工具，是主要的劳动力。现在草原上的机械化发达了，马已被取代了，将来马的用途究竟是什么？没有了这些用途的马，人们还会饲养它们吗？如果草原上真没有了马，那可怎么办呢？这些想法一直困扰着爱马的那日红。通过一段时间的理论课学习，那日红明白了这些道理，怪不得世界上发达的国家把这样高大的马培养得像人一样听话，在技术表演时会表现得那样精彩，只有这样才会有市场，这样才为马开辟一条生存之路。于是，那日红便更加努力地学习文化课，更耐心地向教练学习饲养打理这些娇贵外国马的方法。那日红特别喜欢上实习课，因为能与马有所接触，与马建立、培养感情。这些外国娇贵的马是有脾气的，它们认生，必须在教练指导下慢慢接近它们，给它喂水喂料，梳理它们的身体。那日红按照指导老师的要求，每天清理马

那日红（右）正在指导学员操练

走向训练馆的那日红

蹄，为马蹄甲上油。老师告诉她这种圈养的马不像草原上的马，这马蹄若不清理，时间长了，就会腐败、溃烂，影响马的运动。这种马运动主要靠马蹄，一旦马蹄坏了，马也就废了。给马蹄甲上油，是为了防止马蹄甲开裂损坏，保持蹄甲的清爽湿润，使马运动起来灵活自如。那日红知道了这些道理后，更加精心照顾她的马匹了。慢慢地，她与一匹英纯血马建立起了感情，只要听到她的声音，这匹马就会显得温顺、服帖。根据这匹马的特点，那日红学练了跨越障碍，这也适合女孩子学，男孩子们大多数都是学速度赛马。那日红从骑马的基本动作学起，逐渐对马场马术、跳跃障碍等了若指掌。慢慢地，那日红骑上这匹温血马开始参加一些小型比赛，从比赛中获取经验教训，回到学校再苦练本领。练自己的技能，练与马的配合，培养人马之间的默契与亲和力。只有这些方面都达到一定程度了，才有可能提高档次，参加更高层次的比赛。

参加比赛为的就是检验自己训练的成果，所以比赛也很重要。经过几年的努力，2015 年 7 月，那日红在呼和浩特市举办的内蒙古自治区青少年马术障碍比赛中，获得了第四名，并获得国家三级马术运动员资格。这个荣誉对那日红来说是最高的奖赏，她很珍惜这份荣誉，这也是她用辛勤汗水换来的，是她与她的爱骑密切配合的结果。同时，看到同场竞技的赛马高手们，那日红心中更是羡慕。那种人与马的完美配合，高超竞技的技术，都给她留下了深刻的印象，她下定决心要努力赶上她们，并夺取更好的成绩。

现在，那日红除了每天打理她的马外，还要带一名学员，这名学员是该旗伊敏苏木的一个鄂温克族男学生，他也是牧民的孩子，从小便爱好骑马，这点与那日红一样。学生上午上文化课，下午就与那日红一同打理马，并由那日红指导这名学生骑马，那日红也像当年她的指导老师教导她一样指导着这名学生。这名学生因为很爱马，所以学起来也很用心，进步很快。因为都是草原上的孩子，又都是在马背上长大的，所以那日红对指导学员很上心，并经常给学员讲述一些有关马的故事，让学员加深对马的理解与爱护，培养其与马建立深厚情感，这是练好障碍赛的关键之所在。

鄂温克族女青年那日红，不爱红装爱戎装。她执着地爱着自己从事的职业，她认为作为草原儿女，这是她义不容辞的责任和义务。她一有机会便去外地马术俱乐部进修学习，提高自己的文化理论修养，在技艺上刻苦努力，力争为草原、为牧区培养出更多的马术人才，调驯出更多属于呼伦贝尔草原的名马，让这些名马和马术运动员，与呼伦贝尔草原一样，走向全国、走向世界。那日红说，这就是她的梦想！

骑马祭敖包 ①

骑马祭敖包 ②

骑马祭敖包 ③

骑马祭敖包 ④

草原婚礼上的马①

草原婚礼上的马 ②

草原婚礼上的马 ③

草原婚礼上的马 ④

那达慕大会上的马 ①

那达慕大会上的马 ②

驯马

调驯马

纵情放歌

笔墨丹青草原马

李文武 执笔　乌妮尔 整理

当人类享受今天幸福美妙的生活时，不要忘却马对人类社会发展立下的功劳和它所带来的源远流长的文化。这些都鼓励和鞭策着我，给予我画马的勇气，我才有信心拿起画笔……

李文武

我出生在科尔沁草原，那片美丽富饶的草原，大漠戈壁令我新奇惊喜，给我童年留下了无限美好的遐想和对艺术的憧憬。1968年随着上山下乡的大军，我来到了美丽富饶的鄂温克旗伊敏苏木，开始了知青生活。一望无际的大草原，神奇迷人的色彩，一晃40个春秋，鄂温克草原便成为我生命中的第二故乡。那时，草原上除了蒙古马外，还有三河马、锡尼河马，这里的马形体高大匀称，肌腱圆浑饱满，身姿矫健挺拔，四肢灵活强壮，三河马日行150千米，以耐力和善走闻名。我下乡后在劳动中赶过马车、骑过马、套过马、放过马、赛过马，成了一名快乐的牧马人，与马结下了不解之缘。

中学时代，我从美术老师那里慢慢懂得了什么是油画、水彩画、中国画……之后，我试着用手中的画笔去再现那壮丽秀美的科尔沁草原的自然景观。懵懂中我四处拜师求艺，走上了艰苦曲折的求艺道路。在这漫长的追求艺术的道路上，我曾经得到过一些画界名家的当面教诲或书信的鼓励。他们纠正过我的学习态度和方法，教我造型基础、笔墨技巧、绘画理论，引导我多读书、多深入生活、多观察实物、多学习传统文化。师友耐心地为我指点迷津，令我受益匪浅，帮助我最终确定了自己的努力方向和奋斗目标。扎根边疆、建设边疆的那段岁月，现在回想起来，真的很有情趣，有太多值得回味的记忆。那梦幻般的快乐在牧羊姑娘的歌声里悠荡，那万马奔腾的嘶鸣声，伴随我青春岁月里无尽的憧憬和爱恋，那幸福沉淀出马奶酒的醇香，酝酿出大自然赋予生命的坚强和震撼。我仿佛成了快乐的公社小牧民，很自然地联想到了电影《草原英雄小姐妹》的插曲《我是公社小牧民》，跨上骏马，手拿长长的桦木套马杆，追赶几百匹马群，享受牧马人的快乐和幸福。百花盛开

拉四胡是李文武的又一爱好

李文武在工作室里绘画

的夏天，这是草原人最向往的季节。我在马背上，大声唱起了“蓝蓝的天上白云飘，白云下边马儿跑，挥动鞭儿响四方，百鸟儿齐飞翔……”歌声响彻云霄，回荡在天边。我感觉似乎整个世界是属于我一个人的，那样的自由，那样的舒畅……就像天空中飞翔的小鸟一样。我奔跑在满山遍野的百花丛中，采摘最鲜艳的花朵，送给我最心爱的人，她是人称“草原花魁”的牧羊姑娘。她就是现在我家孩子的妈妈、我孙子的奶奶。几十年来，她无论在生活上，还是在事业上都给予了我无微不至的关怀和支持，她的笑容给了我勇气和力量，她就是我的精神支柱。几十年来，我在学习、工作期间多次获得先进、模范的表彰奖励，真像人们所说的那样是“芝麻开花节节高”，功劳有一半是属于她的。

蒙古人在马背上长大，被世人称为“马背民族”。我更加相信这句话，如蒙古族古老谚语中说的那样：“歌是翅膀，马是伴侣。”对当今草原牧人而言，外出放牧、转迁牧场、传递信息、探亲拜年、参加各种盛会、

蒙古马是李文武的最爱

庆典婚礼……马发挥了极为重要的作用。因此，我与马结下了深深的情谊。我认为马是游牧人的珍宝，是神圣的动物，因而牧人写了很多赞美马的歌、诗词、名句等，充满了无限的赞美之情。这些作品描述刻画的有白龙马、黑龙马、青龙马、枣红马、飞龙马、入云马、追风马、草上飞、千里驹……著名的民间乐器“马头琴”就是由马的传说得来的。蒙古贵族的头饰里也有关于马的元素。马是草原人的精神，更是草原人的骄傲，也是草原人的品格。在无边的草原绿浪中奔驰的马群，如海潮汹涌；在凛冽的暴风雪中，仰天长啸是向往自由的呐喊。马是勇敢的战士，对主人没有抱怨和不满。马用忠诚和坚韧谱写出数不尽的赞歌。说到这里，我不由得想起了小时候老师给我们讲的一段感人故事：“民族英雄嘎达梅林义

军在与军阀和王爷军队的激战中，嘎达梅林不幸被敌人的子弹打中而落马，就在敌军要追上他的千钧一发之际，嘎达梅林的坐骑咬紧嘎达梅林的衣角把主人拖到了河畔的丛林中，这才使嘎达梅林死里逃生。”这故事更激发了我对马的情感。我有幸来到鄂温克大草原，与马亲密接触、相随相伴。我想，学画马的时候到了，我决不放弃“长生天”恩赐给我的大好机会。因此每当出勤放马时，我都会背上画具，当马群定位在山川林溪、草木旷野、河岸、沙滩、丘陵……休闲的时候，我便找一个离马群不远的草地上坐下，来仔细观察马的各种动态、形态、神态、品种、结构、角度、行走、奔跑、厮打、跳跃、打滚、亲昵、啃痒、年龄、性格、浓淡、阴暗、明亮……尤其是在马的交配季节，那些雄壮无比的公马为了争夺配偶时相互争斗，那力大无穷的公马立着尖尖的耳朵，竖着硬硬的鬃毛，拖着长长的尾巴，钢铁般坚硬的四蹄不停地踩跺着地面，嘶叫着，咆哮着寻找争斗的对手。两匹烈性公马一旦撞在一起便互不相让，摆开阵势，直斗得尘土飞扬，天昏地暗，翻江倒海，地动山摇……真所谓“胜者为王，败者为寇”。败者惨叫一声后低着头，拖着尾巴逃之夭夭，十天半月不回马群。胜者摇头摆尾，仰天长啸，耀武扬威，向众马宣示自己是“马王”。我观察这些进行速写、写生，完成草图。

我从小就非常钟情于马，从喜欢马，热爱马，发展到只对画马情有独钟。特别是来到鄂温克草原，我随时随地都被马所特有的那样一种精神所感染，这更激发了我爱马、画马的决心和热情，我把马作为我绘画作品的主要表现对象。2014年，我出版了一本画册《守望相助，铸忠诚》，由呼伦贝尔市民族事务委员会出资印刷，由内蒙古文化出版社出版发行。

纵观整个人类历史发展，马和人类生活有着非常密切的关系。历史上，民族迁移、文化交流，以及生活、劳动和战争等多个方面，马一直是人类的忠诚伴侣，担当着重要角色，这正是：“入为君王驾鼓车，出为将军靖边野，将军与尔同出死，要令四海无战争，千秋万古歌太平。”我出版的《守望相助，铸忠诚》书中画的是钢笔画。钢笔画以其特有的艺术感染力，在画种中占有很高的位置。对美术，我有一定的基本功，而专业画马则需要一定的理论和方法，所以必须从基础开始。古人曰：“画虎难画骨。”名人罗丹也曾说：“尊重传统……对自然的爱好和真挚，这是天才作家的两种渴望。”我在研究、学习创作过程中认真领会这些很中肯的告诫。

李文武的作品《蒙古马》

李文武的作品《抢银碗》

中国画的线条有极强的艺术性，其自身就具有独特的审美价值。形态的宽窄粗细、笔锋运行时的虚实、顿挫的轻重、水墨的干湿浓淡，甚至画者的情绪变化都能透过线条反映出来。古代画师把线条的各种画法归纳为“十八描”。从画马的角度讲，必须学会运用兰叶描和琴弦描。前者用来刻画马体，后者

李文武的作品《骏马》

用来描绘马鬃、马尾、距毛。由于线条是塑造马体的主要手段，所以一定要掌握纯熟，做到随心所欲。线条的形态要依据马体的变化而变化，比如脊背至马尾是马体中最长的一条线，由耆、甲、背、腰、尻、尾组成。勾线时一定要依据其起伏变化而改变笔锋的运行速度、提按速度。要对黑色的浓度进行相应的调整。勾线的原则是：轮廓线宜长，结构处衔接牢固，肌肉、骨骼突出处要交代清楚，鬃、尾、距毛脉络清晰。结构连接处笔触宜实，严丝合缝；结构交汇处笔触宜虚，空间感强。如此勾画出来的马方能显得生动。我出这本画册的目的是想留给后人做个念想，对那些曾经关心支持过我的师友也算是一个回报。另外，也想为那些热爱马、喜欢画马的朋友们提供一些资料，或许能给他们带来一点启发。

几千年来，马驮着人类由远古走向现代，由愚昧奔向文明。同人类一样，马也历尽了战火的考验，走过了那段刀光剑影、寒霜风雪、荣辱与共的沧桑岁月。当人类享受今天幸福美好的生活时，不要忘却马对人类社会发展立下的功劳和它所带来的源远流长的文化。这些都鼓励和鞭策着我，给予我画马的勇气，我才有信心拿起画笔……当勇气和灵感凝聚在一起的时候，就是画好画的最佳时刻。我精心设计绘画了300余幅“蒙古人与马”的画，从中挑选了111幅出版印刷，圆了我多年的梦，蒙古马——民族的精神！

作者简介：李文武，男，蒙古族，高级教师，鄂温克族自治旗伊敏中心校原校长。

作者简介：乌妮尔，女，蒙古族，小学高级教师，鄂温克族自治旗教研室教研员。

水墨浓淡淋漓 尽现民族文化

——记蒙古文书法家包宝柱

萨 仁

包宝柱的蒙古文书法作品赢得了国内外专家学者的高度关注和评价，并被诸多国内和俄罗斯、日本、蒙古国的书法爱好者收藏。

包宝柱

离开了骏马，蒙古人便无所作为；你的心胸有多宽广，你的战马就能驰骋多远；打马头者、刺马眼者，要绳之以法，严加处置。从以上摘自《成吉思汗箴言》和《成吉思汗大札撒》中关于马的箴言和律法，可以看出，马对于自幼成长在马背上的蒙古人来说是何等重要。而蒙古族的这些传统文化得以流传下来，除了以蒙古文字为载体外，还有更为形象化的艺术形式——蒙古文书法。自古以来，蒙古族优秀的赞美诗、民间传说、音乐、美术可谓数不胜数。然而谈及蒙古文书法，很多人想当然地认为，一个逐水草而居的马背民族，应该不会有太开门的书法作品。其实，只需稍加关注，就不难发现，从蒙古文字诞生之日起，就有了蒙古文书法艺术。那些书写精美传神的书法文字作品如同一幅幅美丽的画卷，给观赏者以无穷的艺术感染力和

包宝柱在家中练字

智慧启迪。蒙古文书法作为无言之诗、无形之舞、无图之画、无声之乐，已深深地根植于视马如宝的蒙古族传统文化之中。肩负弘扬发展民族文化使命的书法家们后浪推前浪代代传承，很多优秀的书法家就在我们身边，鄂温克旗锡尼河中心校的包宝柱老师就是其中的佼佼者。

包宝柱出生于科尔沁右翼中旗一个非常注重民族传统文化的教师家庭，或许是家庭的浓浓书香熏陶之故，包宝柱自幼就酷爱学习蒙古文书法。1992年，包宝柱以优异的成绩考入当时的呼伦贝尔盟海拉尔师范专科学校，学习蒙古语言文学。自古英雄出少年，早在1994年，包宝柱在就读海拉尔师专时就开办了个人书法展，展出多了幅书写马的作品。毕业后，包宝柱在潜心于中学蒙古语文教学工作的同时，仍孜孜不倦地创作他所钟情的蒙古文书法。可以说，20多年来，包宝柱把自己的业余时间全部交给了书法。

包宝柱获八省区“母语杯”蒙古文书法比赛二等奖

2000 年，包宝柱创作的《铅笔和钢笔字五线谱标准写法》和《蒙古文毛笔楷书》被采用成为地方校本教材。2007 年，包宝柱荣获第二届“草原杯”全国书法美术大展银奖，并被授予“书画领域创新奖”荣誉称号。2012 年，他的蒙古文行草体书法作品《蒙古秘史》出版。在这些蒙古文书法作品中，包宝柱以静态的文字造型，表达动态情感意境，传神地展现了恢宏的蒙古马和马文化。

书法作品是书写者功力技巧和知识修养的综合体现，书法家只有心怀与书写字词内容相应的情感，才能进入创作意境，使作品浑然天成。然而，要达到如此完美统一，不是一朝一夕能够做到的，书法家不仅要博览群书有所积累，还要时常审视内心，提高自身素养。怀着对本民族文化的赤诚之心，包宝柱仔细研读了 40 多本关于成吉思汗史录的蒙汉文书籍资料，甄选出 200 多条箴言，加以

包宝柱歌颂蒙古马书法作品

包宝柱（右二）蒙古马箴言书法参加蒙古国展览

整理、进行创作，于2013年出版蒙古文行书体册页版《成吉思汗箴言》，其中收录有关马的箴言6条。这一年，包宝柱书写的《蒙古秘史》荣获呼伦贝尔市政府文学艺术创作最高奖项“骏马奖”。在第四届八省区“母语杯”蒙古文书法大赛中，作为特邀嘉宾出席的包宝柱所携带的参展作品《蒙古秘史》与《成吉思汗箴言》，受到了与会学者和观众一致赞誉。2014年，包宝柱书写的《成吉思汗箴言》简装版出版发行，并与《蒙古秘史》《成吉思汗大扎撒》一同在第五届八省区蒙古文“母语杯”书法大赛上参展，受到广泛赞誉。同年，包宝柱荣获鄂温克旗政府首届文学艺术创作“彩虹奖”。

元人陈绎曾在《翰林要诀变化》一书中说：“情有轻重，则字之敛舒险丽亦有浅深、变化无穷。”这是对书法艺术与作者情感色彩间密切关系的精辟见解。也就是说，书法作品的造型、风格、内涵，不仅反映作者的笔法功力程度和文化道德修养水平，而且还印证作者内心的情感色彩。作为一个

包宝柱（左）与蒙古国成吉思汗大学校长拉布苏荣

热爱本民族文化的教育工作者，包宝柱对民族传统文化倾注了常人所不能及的心血，经过反复钻研和审慎创新，他在今年出版了手工装裱的册页版硬笔书法集《成吉思汗大扎撒》，书中收录关于保护马的律法3条。包宝柱觉得，《成吉思汗大扎撒》是一部伟大庄严的法典，只有用硬笔书写，才能更好地展现它的权威性和严明性，才能更好地还原其本来的历史风貌。在今年的第六届八省区“母语杯”蒙古文书法大赛中，包宝柱的作品荣获二等奖。包宝柱被中蒙两国第二届“乌云嘎”国际蒙古文书法展主办方邀请赴蒙古国东方省参加展会，其作品获得本次大展的最高殊荣“苏敦奖”。

近年来，包宝柱的蒙古文书法作品获得了国内外专家、学者的高度关注和评价，并被诸多国内及俄罗斯、日本、蒙古国的书法爱好者收藏。内蒙古民族高等专科学校党委书记、内蒙古蒙古文书法家协会主席白布和这样评价包宝柱及其作品：包宝柱的蒙古文书法作品具有书法、艺术、

包宝柱书法获奖证书

史志、研究、收藏等价值，是不可多得的力作，包宝柱以其独特的书写方法，使蒙古文书法达到极佳的艺术效果，是蒙古文书法发展进程中的一颗新星。一分耕耘一分收获，包宝柱现任内蒙古蒙古文书法家协会会员、呼伦贝尔市书法家协会理事、呼伦贝尔市蒙古文书法绘画协会副主席、呼伦贝尔民族文化促进会理事、鄂温克旗蒙古文书法家协会主席等职务。此次我们拜访包宝柱时，正逢他参加第六届八省区“母语杯”蒙古文书法大赛捧奖而归。谈及日后的创作之路，包宝柱说，作为马背民族的后代，他责无旁贷为传承民族文化而努力，同时，他教育学生们要发扬蒙古马“驰而不息、勇往直前”的精神，热爱民族文化，继承民族文化，发扬民族文化。最后，让我们翘首以待，愿这匹蒙古文书法界的“黑骏马”在广袤的书法艺坛上驰骋万里。

作者简介：萨仁，女，鄂温克族，鄂温克族自治旗妇联副主席。

阿玲的马皮剪艺术

艳　梅

阿玲尝试突破过去一成不变的单一色调，用不同颜色的原料，把传统皮剪技艺和现代审美情趣有机地结合起来。努力挖掘作品的艺术个性，结合地域文化、民俗民风，让更多的人了解和认识北方民族豪迈的性情和坚韧的品格。

阿 玲

作为鄂温克族非物质文化遗产皮剪技艺传承人，阿玲大多数作品的灵感和创作都来源于北方民族的生产和生活。她把对马的理解和钟爱诠释到皮剪作品之中，紧紧抓住马的精神和精髓，那种宁折不屈的秉性、气质、神态和最珍贵的骨气，在她的作品中体现得淋漓尽致。

皮剪技艺是一种北方民族古朴粗犷的手工制作技艺，没有明确定义，也没有特殊步骤。正因为如此，这一原生态技艺愈发显得神秘。在过去还允许狩猎时，妇女们将山里猎到的兔子、狍子、鹿等动物的皮加工熟制，制成服饰，剩下的边角料则剪成具有民族特色的图案，缝在服饰的衣襟、袖口和领口上。女孩子受家庭熏陶，加上大人们的言传身教，从小就都学会了这门手艺。出于对皮剪和剪纸的热爱，阿玲把皮剪这门手艺传承了下来，为民族艺术发扬光大做出了力所能及的贡献。

阿玲出生在内蒙古扎兰屯

阿玲在创作皮剪作品

南木鄂伦春民族乡，家中有7个姐妹，她排行老六，父亲20世纪60年代去世，当时她只有3岁。母亲带着7个女儿支撑着这个家，虽然很艰辛，但母亲对她们的教育非常严厉，培养了女儿们果敢、刚毅的性格。小时候乡里还没有禁猎，大部分家庭以狩猎为生，家家都用皮毛制作衣裤及生活用品。在阿玲的记忆深处，奶奶和姑姑的双手犹如魔幻般，用家中皮毛剩余的边角料剪出各种人物、花草、动物等精美的图案，哄孩子们玩。皮剪作品一般要先在脑海中构思出轮廓，然后用碳条勾勒出线条，最后剪出作品。那时，阿玲总在旁边好奇地问个不停，或者拿着剪刀笨拙地模仿、练习。待年龄稍大点，阿玲就缠着姑姑教她皮剪。

阿玲最喜欢剪动物，特别是喜欢剪马的各种神态。从小她就听到过很多有关马的感人故事。谁家的马在危难时刻救了自己的主人、谁家的马在暴风雪中带回了丢失的羊群……所以，在她的内心深处，马是刚毅坚强的，也是善良忠诚的朋友。闲暇时，阿玲总喜欢注视马儿透亮清澈、炯炯有神的美丽双眼，轻抚它的鬃毛，悄悄地和它诉说自己的所思所想，马好像能听懂她说的每一句话，总是默默地注视着她。她创作的很多以马为题材的作品，似乎有灵性一般，总是能得到左邻右舍的赞赏，妹妹还经常偷偷拿着她的作品去向小伙伴们炫耀。

禁猎以后，没有了猎物的皮毛作原料，阿玲也没有放弃钟爱的手艺，她以纸代替。但是纸毕竟不同于皮，没有皮的质感和光泽。皮剪始终是她的最爱，于是，她就用仿皮的原料进行创作。她喜欢皮剪的粗犷、特有的轮廓以及所蕴含的故事，阿玲的皮剪具有独特的风格。

中学毕业后，阿玲在莫力达瓦达斡尔族自治旗文化馆工作，她虚心地向单位的老一辈人求教，学习皮剪技艺，每天躲在办公室里，寄情于手中的剪刀，沉醉于皮剪艺术的世界里。多年来，她不知道剪出过多少幅作品，获得过多少个奖项。唯一印象较深的是她的剪纸作品《琥珀飘香》，被颐和园喈趣园收藏。后来，家庭出现变故，阿玲独自一人带着两个儿子，来到鄂温克族自治旗文化馆工作，后又被调入旗人民武装部工作。那些年，她独自抚养两个幼小的儿子，小儿子还患有严重的类风湿。她下班回家要做饭、熬药、给孩子按摩，忙完家里活儿后静下来，总有一件事不能释怀，那就是她生命中最为重要的皮剪和剪纸。不管时间多晚，只要拿起剪刀，阿玲总会忘掉生活中所有的艰辛和苦累。

一位剪纸人曾说过，剪纸的背后是生活在这片土地上的人们的过去和未来，是人们对生活的思考，这也是剪纸的意义之所在，皮剪亦是如此。阿玲用一双巧手剪出了她对生活的态度和对皮剪艺术的执着，丰富了自己的内心世界。她经常对孩子们讲述她对皮剪艺术

阿玲皮剪作品《骏马》

阿玲皮剪作品《牧歌》

阿玲皮剪作品《蒙古马》

的喜爱和对美好事物的追求，孩子们被母亲的乐观精神和对皮剪艺术的认真态度所打动，也开始喜欢皮剪和剪纸，并成为她探讨皮剪创作的忠实朋友，激发了她的创作灵感。

每逢草原上的那达慕、敖包节、瑟宾节等重大节日，赛马、马上射箭、马术、三河马选美等项目总会牢牢吸引住她的眼球，也更加激发了她创作的激情，给予了她无限的遐想。她尝试突破过去一成不变的单一色调，用不同颜色的原料，把传统皮剪技艺和现代审美情趣有机地结合起来。努力挖掘作品的艺术个性，结合地域文化、民俗民风，让更多的人了解和认识北方民族豪迈的性情和坚韧的品格。

谈到皮剪艺术的传承，阿玲的眼中透露出一股淡淡的忧虑。她说，过去“非遗”传习所也举办过鄂温克皮剪的学习班，家长与孩子们的学习热情也很高，但却没有一个人能坚持学下来。有的家长很感兴趣，可孩子不喜欢。“传承皮剪技艺不能仅仅局限于老式的东西，还要鼓励学生去创新，创作出被现代人所接受的艺术品。”

作者简介：艳梅，女，鄂温克族，呼伦贝尔日报社编辑、记者。

情系草原

——记草原艺人斯布勒玛

福　臣　闫丽鑫

斯布勒玛心中最大的梦想依然是要把祖先留下的文化传承下去，使传统民族文化后继有人。

斯布勒玛

斯布勒玛是传统刺绣非物质文化遗产传承人，她生在草原、长在草原，从小就心灵手巧，擅长手工刺绣，她的刺绣作品把牧人对马的理解、喜爱表现得淋漓尽致。斯布勒玛的血脉里流淌着游牧民族最淳朴的品质——勤劳和坚守。她将自己对传统民族文化的理解诠释到每一件关于马的刺绣作品之中，倾注心血，用心创作，使每一件作品如同有了生命一般，借由她指尖无声地诉说着游牧民族独具特质的历史和美好的追忆。

游牧民族以“马背上的民族”自诩。马背锤炼了牧人的智慧、体魄、勇气、力量。1952年，斯布勒玛出生于鄂温克旗伊敏苏木毕鲁图嘎查额鲁特蒙古族牧民家庭，她自幼聪慧好学，在家中7个姊妹中排行老大，因家境贫困，她从未上过学，在家随父亲学习蒙古语，从小帮助父母料理家务。斯布勒玛和所有牧人的孩子一样，3岁时，就由父母抱到了马背上，四五岁时，就开始练习骑马。斯布勒玛从 8 岁开始骑马放牧，这项重任一直伴随她度过那段本该玩耍、读书且快乐的少年时光。在她的记忆里，陪伴她、给予她精神寄托的只有那匹枣红马。只要骑到马背上，她就不再感到寂寞、孤独，枣红马驮着她驰骋在蓝天碧野之中，她梦想着自己就是这片辽阔草原的天使，那么自由、快乐。到了 12 岁，按照额鲁特蒙古族的风俗，女孩子要开始学习手工缝制，

工作中的斯布勒玛

斯布勒玛聪敏好学，无师自通，做得一手好针线活儿，逐渐地远近闻名。

20世纪60年代，依照国家扶持边远少数民族地区建设的相关政策规定，天津巡回医疗队的十几名医务人员，到伊敏苏木巡回为各嘎查牧民看病治病。由于斯布勒玛性格开朗、好学上进，嘎查选派她随巡回医疗组的医生学习，有意把她培养成嘎查的医生。当时医疗队成员都不会骑马，斯布勒玛就套马车拉着他们到各嘎查牧民家里为牧民们看病。3年后，医疗队完成工作任务返回天津，斯布勒玛成了嘎查名副其实的医生，她能为孕妇接生、打针、看病，还经常到苏木医院拜师学医，不断提高自己的医疗理论基础水平。此后的几年里，无论春夏秋冬，斯布勒玛都骑

斯布勒玛的作品《哺育》

着她的枣红马走包入户，为牧民诊病、治病。一年冬天，气温达零下三十八摄氏度，斯布勒玛要到15千米以地外的地方给牧户送药，回来时，突然遭遇暴风雪，道路无法辨认，迷失了方向，她骑着马在雪地打转儿，转了一夜，马走不动时，她便下马牵着马步行，天亮时，到高地上辨清了方向，才回到家中，她带的药都被冻住了，而她却安然无恙。每一次有惊无险的经历，都书写着她和她那匹枣红马的神奇故事，枣红马与她同甘苦共患难，是她最亲密的伙伴。斯布勒玛，一个牧民的孩子，在当时牧区缺医少药的情况下，为边远地区的广大牧民群众排忧解难，深受牧民喜爱，牧民亲切地称她为“马背赤脚医生”。其间，斯布勒玛连续3年参加民兵训练，骑上她心爱的枣红马和小伙伴们一起在驯马师的指导下学习驯马。经过一段时间的训练，她的爱骑也在主人的驯化下，根据指令能做出趴下、起立等动作，她与枣红马之间的情感也愈加深厚。

斯布勒玛在自家的民族服饰店前

那时，只有十几岁的斯布勒玛特别爱凑热闹，谁家打马印、套马、剪马鬃都少不了她，只要看见高头大马，她就会对马的主人软磨硬泡，借到马就策马狂奔，过足瘾，因此而得到了“假小子”的绰号。有一次，斯布勒玛从一牧户家中借了一匹高大的黄马牵回了家，这匹马高大威猛，母亲担心这匹马难以被驯服就放了回去。斯布勒玛得知后，就背着马鞍子徒步走过了伊敏河，行程几十里路才找到了那匹马。

当时冰雪刚开始融化，天气较冷，她刚刚跨上马，便刮起了强风，马受到惊吓，狂奔不止，想把她甩下去，斯布勒玛凭着多年骑马、与马较量的经验，几经周折才把马制服。烈性马只有牧人才能读懂它、驯服它，同时它也造就了牧人顽强不屈的性格。

游牧民族家庭妇女的付出不亚于男子。她们和男子一样放牧、接羔守圈、装卸和搭建蒙古包、装车赶车等，还要生育子女、料理家务。斯布勒玛在19岁那年，通过亲属介绍，嫁到乌兰浩特。当时，全国正处于非常困难时期，农村生活条件特别艰苦，由于不适应那里的生活，加上与丈夫感情不和，又无法忘怀对故乡鄂温克草原的眷恋，无法割舍自己与马儿剪不断的情怀，斯布勒玛结束了11年的婚姻，带着4个子女返回了鄂温克故乡，又重新组建了家庭。这两段婚姻，因家庭条件差，人口多、斯布勒玛都是家中的主要劳力，即使身怀六甲，照样骑马劳作，加上当时农村牧区

青年时代的斯布勒玛

医疗条件相对落后，她前后共生了11个子女，其中有6个孩子刚出生便夭折，另外两个儿子都是在30多岁因突发心肌梗死而先后去世，孩子们的离去，对于斯布勒玛来说心有如刀割，给她留下了一道道永远无法愈合的伤痛。为此，斯布勒玛不愿有闲暇时间，强迫自己拼命地干活儿，专注于自己的刺绣创作，并倾注了全部情感，以求在作品中寻找心灵慰藉。

一个偶然的机会改变了斯布勒玛的生活。一位鄂温克人向斯布勒玛定做了几件鄂温克族长袍和烟袋，要求在烟袋上绣上带花的飘带，因斯布勒玛手工精巧、制作精良，令这位客人赞叹不已。从此，斯布勒玛迷恋上了刺绣，各种神态的马在她的指尖下活灵活现，惟妙惟肖，冥冥中似乎注定让她再续与马的情缘。斯布勒玛告别了牧区生活，搬到镇里，专注制作民族服饰，贴补家用，并申报了传统刺绣和蒙古族服饰两项非物质文化遗产传承人项目。2008年，鄂温克旗伊敏苏木举

斯布勒玛的作品《一代天骄》

办额鲁特蒙古族文化交流活动，斯布勒玛向活动赠送了一幅“枣红马”刺绣作品，该作品耗时将近两个月。这幅作品从设计到绣工，构思精妙，手法细腻，受到了人们的关注和好评。2013年，斯布勒玛依照徐悲鸿的著名作品《八骏马》绣制了作品。作品抓住了原作的灵魂，把八匹马形态各异、飘逸灵动的神态勾勒得极尽完美逼真，给人以视觉上美的享受。2015年，在内蒙古举办的八省区手工艺大赛活动中，斯布勒玛参赛的作品《一代天骄》获得了三等奖。该作品将一代天骄成吉思汗威武强悍的神韵勾勒得出神入化，

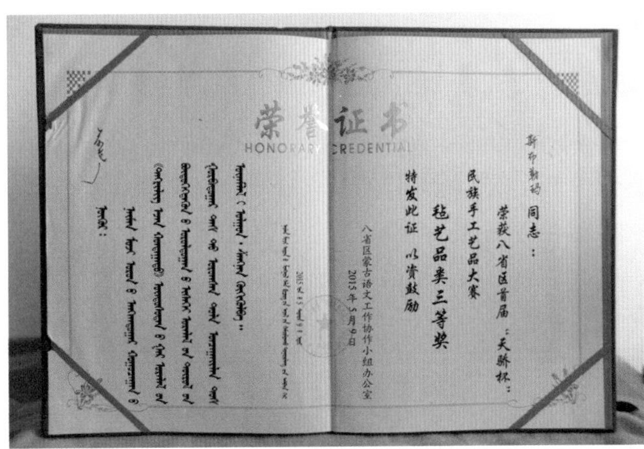

获奖证书和奖杯

战马威风凛凛，堪称一绝。斯布勒玛还有好多关于马的刺绣作品均被相关人士收藏。

神奇的大自然赐予了游牧民族与生俱来的想象空间和创作灵感。斯布勒玛设计制作的有关马的刺绣作品，构思独特，精致美观，既保留了传统文化的理念，又迎合了现代人的精神追求，受到人们的青睐和认可，其作品在各种比赛展演中多次获奖。目前，斯布勒玛热衷于参加各种活动，虚心向前辈讨教传统刺绣技艺，与同行密切交流，不断拓展思路，开阔视野。各相关部门主动邀请斯布勒玛参加各种文化交流、技艺比赛等活动，还有不少慕名前来向她学艺的民间艺人和爱好者，斯布勒玛成了远近闻名且小有名气的大忙人。斯布勒玛现在的丈夫是汉族人，两个人的感情很好，丈夫非常支持和理解她从事的事业，这对斯布勒玛来说也算是一种弥补和欣慰吧。随着年龄的增长，长期的操劳，多个亲人离世的打击，心脏病、高血压、风湿病、视力减退等疾病始终困扰着她，然而她心中最大的梦想依然是要把祖先留下的文化传承下去，使民族传统文化后继有人。

作者简介：福臣，男，蒙古族，主任编辑，鄂温克族自治旗广播电视台新闻部记者。

作者简介：闫丽鑫，女，汉族，鄂温克族自治旗广播电视台外宣部记者。

坚守与传承

月　玲

前途是光明的，道路是曲折的。在民族手工业领域里，雪山顽强地坚守着，并想努力地将其传承下去。

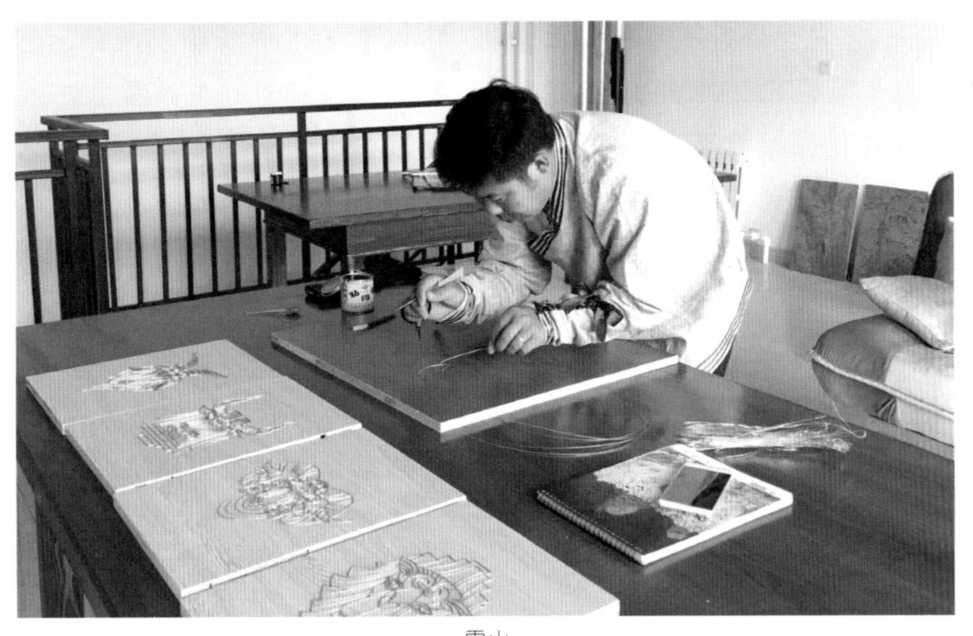

雪山

雪山，鄂温克草原上的蒙古族青年艺术工作者，蒙古族景泰蓝镶嵌工艺传承人。他创作的有关马的工艺品，与其他题材的作品一样，具有特殊的民族文化元素和艺术风格。无论作品中表现的是静态马，还是动态马，他都善于捕捉瞬间的神韵，颇受人们喜爱。

1983年，雪山出生于鄂温克旗巴彦托海镇，父母都是本本分分、勤勤恳恳的老实人，家里虽不富裕，但一家人相处和睦，其乐融融。雪山从小喜欢画画，到处涂涂画画，家里也没人反对，有时画得有模有样，还经常得到父母或姐妹们的夸奖。那时，父亲在鄂温克旗运输站工作，当时的运输工具都是马车。下班后，父亲就把套车的马赶回家看管。这样，雪山从小就和马亲密接触，经常在马圈里和马一起玩耍，还给每一匹马起了名字，只要听到嘶鸣声，他就知道是它们中的哪一匹。所以，他画的最多就是马。那时，他画的并不十分像样，但还总会把那些小时候他认为最喜欢的画，偷偷地藏在自认为秘密的地方，视其为珍宝。上小学时，美术是他最感兴趣的课程，也初步展露出他的美术天赋，美术老师推荐他到少年宫和美术班更加系统地学习美术，他的绘画水平得到了快速的提升。小学三年级时，他参加了少儿组“全国双龙杯书画大赛”，他的作品获得了金奖，这大大地鼓舞和激发了他画画的热情，在此后参加的各种比赛或画展中，他获得的奖项不计其数。雪山记忆中的童年时代，是和他最喜爱的画一起快乐度过的。

从初中到高中，雪山仍然坚持画画，一般情况下都只是即兴作画，看到什么就画什么，喜欢什么就画什么。说起那段时期，雪山念念不忘的是鄂温克旗一中的美术老师张继军。他说，张老师对他的艺术发展影响很大。首先，张老师对他的作画给予认可和鼓励，使他没有放弃，坚持作画；其次更重要的是张老师的一些观点和想法深深地感染和影响了他，使他对艺术的真谛有了初步的了解。他的理解是，艺术源于生活，生活的点点滴滴、方方面面、处处体现着艺术的价值。从此，他有意识地把自己的画风和主线定格在具有民族风情的画作上，对身边的人和事产生了浓厚的兴趣，以当时懵懂的理解，沉醉在自己的绘画世界里。那时，他在画有关马的画作时，比起年幼时对马的观察更加细致入微，画风也更加成熟，这为他确定日后追求艺术梦想打下了基础。

2006 年，雪山考上了通辽科尔沁职业艺术学院的艺术设计专业。在校期间，他在系统地学习艺术设计基础知识的同时，积极参加院校组织的各项活动。大学一年级，他进入学生会，凭借个人的努力和较好的综合素质，得到校方的认可；之后又担任系生活部部长，在人生最美好的年华里，他得到了很好的历练。

2008 年大学毕业后，雪山怀揣着梦想，只身一人加入“北漂”的行列，在北京的一家画廊找到了工作。一个偶然的机会，他接触到景泰蓝镶嵌工艺，便立刻被景泰蓝那种古朴华贵的艺术风格所深深吸引。此后，

雪山的作品《套马杆》

他就跟师傅学习景泰蓝镶嵌工艺，由于他美术基础扎实，进步较快。后来，他又到河南参加了半年的景泰蓝镶嵌工艺培训。培训结束后，他仍继续从事景泰蓝镶嵌工艺工作。当时，他所学的技艺和所从事的工艺制作都是以南方水乡民风题材为主。为了生存，他努力创作，在外闯荡了5年，但雪山越来越意识到，漂泊的感觉犹如无根的树木，让他内心感到非常孤独，他内心想要寻觅的艺术梦想，似乎与他总是若即若离。经过一段时期的沉淀和思考，2012年，他毅然决定回到家乡创业，到家乡去追寻梦中的艺术天地。于是，雪山带着无限的遐想和满腔的创业热情回到了家乡鄂温克旗巴彦托海镇。历经周折，他租了间100多平方米的平房，夜以继日地开始进行创作。那时，雪山的目标已经非常明确了。多年来，那种对民族文化的迷恋和对民族艺术的追求，已经深深渗入到他的血脉里，他要将民族文化艺术融入学到的景泰蓝镶嵌工艺制作中去，创作出融传统文化和现代风格于一身的艺术品，实现自己的创业之梦。但无情的现实，似乎要将他的梦想彻底击碎。当时，因为没有知名度，加上这种新型的艺术还没有被人们所理解和接受，以致上百幅画找不到市场，打不开销路，让他措手不及，迷茫彷徨，不知度过了多少个不眠之夜。

机会总爱眷顾有准备的人。2013年，鄂温克旗第一家创业孵化基地在巴彦托海镇挂牌成立，这给正在苦苦寻找创业门路的雪山带来了难得的机遇。积蓄了多年创业梦想的雪山和另外3名大学生成为首批入驻基地的幸运儿。20平方米的工作室为他的创业搭建了平台，也为他提供了更好的发展机遇。他的创业地点就是有着“实验田”之称的创业孵化基地。这个最早起源于黑龙江齐齐哈尔的创业概念，一经提出，就因其新颖而又实用的特质而迅速在全国推广开来。在政府的扶持下，孵化基地为创业者打开了梦想之门。雪山最初开始创作沙画，而后又转向老本行景泰蓝镶嵌工艺上，从风格到创作理念，雪山将把民族文化融入传统的景泰蓝镶嵌工艺之中。这是一个大胆而创新的艺术风格，充满着挑战，同时又有着无限发展的空间和机遇。没有哪个人的艺术之路是一帆风顺的，雪山所走的路也不例外。刚开始，他的作品因缺乏民族文化元素和艺术风格，不被人看好。这让雪山感到有些压力，于是他沉下心来，认真思考，翻阅了大量的资料，寻找祖先的那些辉煌发展历史以及给后人留下的灿烂夺目的民族文化，他从中吸取养分，提升素养。同时，他还走进草原深处，更加细致地观察了解民俗民风，搜集素材。那时，他的创作灵感多来源于

雪山的作品《蒙古马》

鄂温克草原上的赛马、射箭、套马、摔跤等搏击竞技类的比赛、表演项目，那种力量与美的展示，令他震撼，家乡的民风民俗激发出雪山创作的灵感。他苦苦寻找的内心深处的那份情缘原来就在身边。谈到这里，他不无感慨地提到在他艺术道路上帮助过他的呼伦贝尔市美术协会副会长、鄂温克旗美术协会会长图力格尔老师。刚开始创业时，他每完成一幅作品，都要拿给图力格尔老师过目，让老师给他的作品从构思到制作提出建议，然后再依据老师的建议进行修改完善。慢慢地，他逐渐找到了创作的切入点，作品也越来越有韵味。

景泰蓝工艺与民族文化融合在一起，给人的感觉既古朴典雅，又高贵华丽，观赏性和艺术价值兼备，深受人们青睐。现在他的作品非常畅销，周边海拉尔等地的好多蒙元主题餐厅都到他这里来订画，前来订购的还有来自天津、山东、台湾地区，以及俄罗斯等国家的爱好者，他的唐卡作品更是供

非遗项目代表性传承人证书

荣誉证书

不应求。谈到关于马的作品时，他颇有感慨，他认为，蒙古民族是马背上的民族，蒙古人爱马是与生俱来的，马是他们的朋友，是亲密的伙伴。雪山创作的马艺术品，都源自于多年来他对马骨髓里的崇尚和心灵沟通。他有关马的作品如《草原情》，曾荣获2014年鄂温克马文化节手工艺品制作及绘画大赛第二名。还有许多关于马的作品均被国内外爱好者收藏。

随着国家提出的“大众创新，万众创业”发展战略机遇，在鄂温克旗就业局的推荐下，雪山的创业梦想如日中天，基本步入正轨。目前，雪山身兼呼伦贝尔市创业者协会副会长、鄂温克旗创业者协会会长。2013年，他创办了尚品画廊；2015年，在呼伦贝尔市美术作品展中，他的作品《唐卡》荣获一等奖；2016年，在呼伦贝尔市首届“创业杯”民族工艺品制作展示大赛中，他的作品唐卡《金刚撒朵》获得第一名，他也获得了“五一劳动奖章”；2016年，他荣获“2016呼伦贝尔博乐歌旅游商品大赛最美制作奖和呼伦贝市创新创业大赛”鄂温克旗分赛区第一名。

在荣誉和成绩面前，雪山显得更加沉着冷静，面对传统民族文化在现代文明的冲击下日益衰退的现状，雪山始终坚守，他想通过自己的努力，将蒙古族景泰蓝镶嵌工艺发展传承好，并将其作为自己奋斗的目标。现在他的最大愿望就是能有更多的时间接近大自然，寻找灵感，多创作出一些草原风情的精品。谈到蒙古族景泰蓝镶嵌工艺的传承与发展，雪山有他的忧虑和想法。首先，他深切地感受到，从事一门艺术，不仅需要天赋，更需要后天的付出和努力，没有捷径可走，从画画到求学，再到拜师学艺，寻找创业门路，其中的艰辛滋味只有雪山自己才能体会。他说现在的年轻人对传统手工艺不感兴趣，学起来感到既困难又乏味，认为外面的世界最精彩，闯荡几年后，大部分年轻人把自己的专业也丢掉了，当年的豪情壮志也随着岁月的流逝而成了过眼云烟，景泰蓝镶嵌工艺正面临着后继乏人的境况。其次，景泰蓝成本高，资金、人力等因素困扰着这项传统与民族文化相交融的新型艺术，在推广和扩大规模等方面还需要各有关方面的支持和努力。虽然不无忧虑，但雪山还是对未来充满信心。正所谓，前途是光明的，道路是曲折的。在民族手工业领域里，雪山顽强地坚守着，并想努力地将其传承下去。

作者简介：月玲，女，达斡尔族，鄂温克旗政协主任科员。

天鹅图腾

——记天鹅图腾游牧文化手工艺品研究社特古斯巴雅尔

崔曙光

草原给了特古斯巴雅尔无限宽广的成长空间，马背给了他一个草原牧人对家乡的无限眷恋。

特古斯巴雅尔

在如诗似画的锡尼河畔生活着勤劳聪慧的布里亚特蒙古族，以其浓郁的民族情韵，独特鲜明的服饰、饮食文化吸引着人们关注的目光。特古斯巴雅尔就出生在这里的一户布里亚特蒙古族牧民家中。广袤的草原伴随他成长，草原男子汉的马鞍深深地镌刻在他的记忆中。在现代城市的喧嚣中，特古斯巴雅尔用自己坚守的草原情怀谱写出风情独具的城市牧歌。

带着对特古斯巴雅尔这位布里亚特蒙古族青年的好奇，我走进了位于鄂温克旗巴彦托海镇的“天鹅图腾游牧文化手工艺品研究社”。各种样式精美的皮画，精致的民族手工艺品吸引着我的目光。特古斯巴雅尔一边忙着手里的活计，一边与我们聊了起来。说起世界上与马这种动物关系最密切的，当属蒙古民族了。钟情马、崇尚马、誉美马，是蒙古人源远流长而意趣深邃的特有遗风。“马背上的民族”，这句话诠释了马在蒙古人生活中的举足轻重。特古斯巴雅尔与所有草原的孩

特古斯巴雅尔在工作间

子一样也喜欢马，每每回到草原他总要找机会骑马转上一圈，感受一番马背上的豪情。记得小时候舅舅送给他一匹马，特古斯巴雅尔别提多高兴了，只可惜那匹马可谓“桀骜不驯”，在一次从马圈中跃出时，被围栏划破肚子不幸死了，这着实让特古斯巴雅尔伤心了好一阵子。在与我们的交谈中，特古斯巴雅尔拿出了一个皮质挎包，形似马鞍，上有精美的民族纹饰，几个配饰也源于马鞍的形制。特古斯巴雅尔告诉我们：这个包的设计理念就来源于马鞍，在参加民族工艺品展销时，引起了一位新加坡参观者的兴趣，最终以数万的价格被其收入囊中。从小就愿意琢磨的特古斯巴雅尔生活在一个从事手工艺制作的家庭中，他的姥姥、舅舅都是民族手工艺品的制作者，受家庭的熏陶，特古斯巴雅尔在高中的时候就开办过一个饰品店，那是他第一次做生意。后来，每当那达慕大会的时候他就在会场附近开个烧烤店来赚钱，也卖一些自己用皮子做的小首

特古斯巴雅尔制作的手工艺品

饰。这样，他凭自己的努力攒下了上大学的学费，最终他也如愿考上了内蒙古农业大学艺术设计专业。大学一年级的时候，特古斯巴雅尔的聪慧得到了美术老师的喜爱。后来，老师知道特古斯巴雅尔喜欢做一些民族工艺品，就把特古斯巴雅尔带到了他的工作室，特古斯巴雅尔就一边上课一边在老师那儿打工（做皮具、皮画）。这样，特古斯巴雅尔在学习的同时还学会做皮画的技术，之后通过朋友介绍，特古斯巴雅尔接了一个制作皮画的活儿，当时雇主说是要破吉尼斯纪录，做成世界上面积最大的皮画，将《蒙古秘史》分制成400多张牛皮画。在作品完成之后，特古斯巴雅尔在学校便小有名气了。2009年7月8日，特古斯巴雅尔带着自己15张皮画作品参加了第十一届亚洲文化节，并以13000元的价格卖了两张皮画作品。之后，他回到学校借助老师和朋友从日本买回来的几个专门做牛皮雕刻的工具，在课余时间开始深入研究牛皮雕刻技术。随着技艺

精心设计

的提高，特古斯巴雅尔开始把作品投向市场，市场反响不错，他就在学校外面租了个房子，召集了一些同学和朋友组建了一个工作室，向呼和浩特市当地的外贸店供货，后来通过外贸店，和广州的商家也做过几次皮具生意。特古斯巴雅尔还用赚来的钱尝试进行其他的投资。到了2010年寒假的时候，特古斯巴雅尔面临实习了，他就琢磨着在海拉尔做当地特色的旅游纪念品的发展空间很大。看准这一商机后，特古斯巴雅尔下定决心回来弄一个加工室，他的这个想法得到当地政府机构的支持，在联系了不少民间艺术家和懂民族历史工艺的长者及老艺人，初步达成合作意向之后，特古斯巴雅尔的企业正式迈出了第一步。2011年5月，他在鄂温克旗创办了人生中的第一个企业——“天鹅图腾游牧文化手工艺品研究社”，拥有了属于自己的一片天地。这几年，特古斯巴雅尔在忙着经营企业的同时，还到处调查、走访，搜集当地各少数民族的传统工

精益求精

艺资料，每天都在想办法设计具有呼伦贝尔特色的手工艺品。特古斯巴雅尔的目标是“用我们当地的材料和工艺制作出具有当地特色的工艺品，将技术和利润留在我们当地，把产品带出去，带到全国各地乃至全世界”。特古斯巴雅尔说：“用当地的材料做工艺品，原材料不只可以为我们当地人带来利润，也可以增加更多的就业岗位，还可以在我们的产品卖出去的同时带动当地人把材料也卖出去。”作为一个现代年轻人，特古斯巴雅尔喜欢摄影、射箭，搞些有特色和个性的设计。他酷爱摩托车，喜欢将机车改装成复古风格，每逢休息日，他常约上几个志同道合的好友骑上摩托车来一场说走就走的旅行，在体验骑行的快感中去发现和感受新的东西。特立独行是艺术创作者的素养之一，特古斯巴雅尔也想让自己创作出的东西与众不同。从精美的皮画到精美的民族刀具，无不渗透着他对艺术的执着和热爱。

草原给了特古斯巴雅尔无

特古斯巴雅尔制作的手工艺品

限宽广的成长空间，马背给了他一个草原牧人对家乡的无限眷恋。只要出国参加展览或参赛，特古斯巴雅尔都会带上心爱的五星红旗，并自豪地告诉其他国家的参赛者和能碰见的所有外国人："我是中国人，我来自中国呼伦贝尔。"特古斯巴雅尔喜欢马，热爱马，从对马的认识和热爱中获取创作的灵感，从草原走出来的特古斯巴雅尔以自己所掌握的技艺为载体，通过自己的辛勤努力和付出，来弘扬传统民族文化，传承和保护传统民族文化。2011 年，经鄂温克旗团委介绍，特古斯巴雅尔在海拉尔参加了 YBC“第十五期创业培训班”，在学习创业知识的同时，他通过了层层考查，最终获得了创业扶持基金，并得到了更加重要的“一对一”创业导师的帮助。2012 年 5 月 3 日，特古斯巴雅尔荣获“全旗优秀青年创业致富带头人”荣誉称号。2012 年 5 月，他被评为“全市优秀共青团员”。2012 年 6 月，他代表内蒙古呼伦贝尔市鄂温克旗锡尼河布里亚特蒙古族参加了“伊泰情”民族手工艺品第九届中国•内蒙古草原文化节。2012 年 7 月，通过 YBC 呼伦贝尔办公室，他进入了“全球杰出青年社区”。如今，他的企业在政府与社会各界人士的支持和帮助下已步入正轨，同时，也拥有了稳定的客源与收入。特古斯巴雅尔相信是天鹅终究要飞翔，是骏马就要在草原上尽情驰骋。

作者简介：崔曙光，男，朝鲜族，编辑，鄂温克族自治旗委宣传部记者站记者。

鄂温克博物馆海兰察雕塑

海兰察公园主雕塑

海兰察公园主雕塑

海兰察公园浮雕墙 ①

海兰察公园浮雕墙 ②

鄂温克博物馆浮雕柱

鄂温克旗民族文化创业产业园马浮雕

鄂温克旗街头的马鞍雕塑

万马奔腾

后记

继《鄂温克草原骏马史话》编辑出版后，从内容上为其续集的图文书《鄂温克草原马背情缘》又将与读者见面了。

旗政协决定出版此书后，便成立了由齐全主席牵头的编委会，并召集编委会成员召开会议，做出了具体分工，由一位分管副主席主抓这项工作。同时，对本书的编写要求、目的、意义、谋篇布局等做了详尽的设计与规划。分管副主席与编委会成员多次召开不同形式、不同层次的动员会、座谈会，听取和搜集相关部门、专业人士的意见和建议，并走访了老牧人、老马倌、老畜牧工作者，听取他们对编写本书的希望和要求。采写编辑人员的足迹踏遍了鄂温克草原，深入全旗各苏木乡镇、嘎查，牧户、牧马人的放马点、马群中进行访谈拍摄。听说旗政协要编写关于牧马人的图文书，受访的各阶层人员及广大牧民群众都很欢迎，也很支持与配合，他们主动提供线索，讲述他们亲身经历的故事，只要说起马来，草原牧人就有讲不完的故事，马就像草原上的精灵一样，美化着草原，诗化着草原。草原牧人与马的故事、歌颂骏马的歌曲、描绘神马的图画，说也说不尽、唱也唱不完、画也画不穷。《鄂温克草原马背情缘》受限于篇幅，我们只能选取其中的一小部分代表性人物与事件，敬请读者见谅。

习近平总书记在视察内蒙古时，曾殷切希望内蒙古要“守好内蒙古少数民族美好的精神家园”。我们编辑此书之目的，就是基于文化的自觉与自信精神和高度的责任感与使命感，挖掘草原游牧文化的根与脉，守护好我们各个少数民族的文化基因，进而繁荣发展中华文化，为中华民族的伟大复兴做出贡献。

在本书即将出版之际，我们要感谢那些为本书策划、访谈、采写提供方便的旗直相关部门和相关苏木乡镇党委政府的支持与帮助；更要感谢那些我们采访过的对象，即本书的主人公，是他们的故事鼓舞和激励着我们一定要努力做好这本书，把他们的故事记录下来，传承下去，让这些美丽动人的故事鼓舞着一代又一代的草原人，热爱草原，保护生态，弘扬蒙古马精神，吃苦耐劳，不计得失，甘于奉献。

感谢柏青同志，配合旗政协文史委的同志深入基层，采写稿件并拍摄图片，感谢葛根、吴文杰、李文武、乌妮尔、 萨仁、艳梅、福臣、闫丽鑫、月玲、崔曙光等同志为本书供稿，感谢本书设计者吴文杰同志的辛勤劳作。

感谢常胜杰、肖锋、程朝贵、李明生、刘会山、索米亚、张彦、娄松华、戴守奎、任兆利、于连波、黎霞、黄胜利、安志明、王玉成、希德日古、哈斯毕力格、乌力吉尼玛、图民、特古斯巴雅尔、沃东军、其乐木格、斯仁达西、通嘎拉格、鄂晶、李玲、郭金军、阿玲、包宝柱、呼努斯图、王宏元、金红成、朝勒孟、通拉嘎、斯日古楞、呼其乐、那日红、李维等为本书摄影和供图。

感谢巴彦托海镇人民政府、辉苏木人民政府、伊敏苏木人民政府、锡尼河东苏木人民政府、锡尼河西苏木人民政府、巴彦嵯岗苏木人民政府、巴彦塔拉达斡尔民族乡人民政府、鄂温克族自治旗马业协会、鄂温克族自治旗职业中学、鄂温克族自治旗摄影家协会、锡尼河马协分会为本书提供资料和图片。

鉴于各种主客观原因，本书仍有许多不尽如人意之处，敬请读者批评指正，以便于我们在今后的工作中加以改正。

编　者
2017 年春